Andrea Lipp

AF635424

Arbeit am Langen Zügel

für Einsteiger

Müller Rüschlikon

IMPRESSUM

Einbandgestaltung: R2 | Ravenstein, Verden

Titelbild: Katja Schmiedeskamp

Bildnachweis:
Arnd Bronkhorst: S. 64, Sven Cramer: S. 88, Atjan Hop: S. 12, Hans Kuczka: S. 16, 18, 20, 49, 94, Manfred Leitgeb: S. 13, @Lunstream/Stock.adobe.com: S. 26, Katharina Pangritz: S. 41, 68, 78, Katja Schmiedeskamp: S. 72, 73, 89, Anett Somogyvári: S. 60, René van Bakel: S. 6, Sabine van Waasen: S. 38, Spanische Hofreitschule/Herbert Graf S. 66, Spanische Hofreitschule/ Gemälde Julius von Blaas: S. 10
Alle übrigen Fotos stammen von Friederike Scheytt.
Die Illustrationen wurden von Mareike Lüttmann erstellt.
Wir danken der Spanischen Hofreitschule Wien für das zur Verfügung gestellte Bild- und Videomaterial.

Alle Angaben in diesem Buch wurden nach bestem Wissen und Gewissen gemacht. Für einen eventuellen Missbrauch der Informationen in diesem Buch können weder die Autorin noch der Verlag oder die Vertreiber des Buches zur Verantwortung gezogen werden. Eine Haftung für Personen-, Sach- und Vermögensschäden ist ausgeschlossen.

ISBN 978-3-275-02226-7

Copyright © by Müller Rüschlikon Verlag
Postfach 103743, 70032 Stuttgart
Ein Unternehmen der Paul Pietsch Verlage GmbH & Co. KG

2. Auflage 2024

Sie finden uns im Internet unter www.mueller-rueschlikon-verlag.de

Nachdruck, auch einzelner Teile, ist verboten. Das Urheberrecht und sämtliche weiteren Rechte sind dem Verlag vorbehalten. Übersetzung, Speicherung, Vervielfältigung und Verbreitung einschließlich Übernahme auf elektronische Datenträger wie DVD, CD-ROM usw. sowie Einspeicherung in elektronische Medien wie Internet usw. ist ohne vorherige Genehmigung des Verlages unzulässig und strafbar.

Lektorat: Claudia König
Innengestaltung: R2 | Ravenstein, Verden
Druck und Bindung: DZS Grafik d.o.o., 1210 Ljubljana
Printed in Slovenia

INHALT

VIDEO

Dieser Link führt Sie zu den in diesem Buch enthaltenen Videos. Die QR-Codes zu den Videos finden Sie auch an den entsprechenden Stellen in den Kapiteln.

Favory Biserka & Oberbereiter Andreas Hausberger

Vorwort von Andreas Hausberger

Die Arbeit am Langen Zügel wird nicht umsonst als die Krönung der Ausbildung bezeichnet. Bei dieser Arbeit ist ein besonderes Vertrauensverhältnis zwischen Pferd und Mensch notwendig. Die Kommunikation ist auf die beiden Zügel, leichte Stimmhilfen und feine Berührungen mit der Gerte reduziert. Um das Pferd am Langen Zügel arbeiten zu können, benötigt der Ausbilder besonders viel Feingefühl, Einfühlungsvermögen und die Fähigkeit, die Körpersprache seines Pferdes lesen zu können.

Andrea ist seit vielen Jahren meine Schülerin. Mit ihrem Andalusier Pardo hat sie stets eine schöne und harmonische Arbeit am Langen Zügel gezeigt. Der regelmäßige Unterricht in dieser Königsdisziplin gehörte für die beiden immer mit dazu. Nun wächst mit ihrem Lipizzaner Pluto Troja auch schon das nächste Pferd in diese Arbeit.

Andrea besitzt ein besonderes Talent für die Arbeit am Langen Zügel und es ist eine logische Konsequenz, dass ihr zweites Buch nun dieses Thema behandelt.

Ich wünsche Ihnen viel Spaß beim Lesen und viel Erfolg beim Einstieg in die Arbeit am Langen Zügel.

Andreas Hausberger

Oberbereiter Andreas Hausberger
Juni 2021

Andrea Lipp mit Pardo & Pluto Troja

Einleitung

Mein erster Kontakt zur Arbeit am Langen Zügel fand im Rahmen eines Kurses bei Oberbereiter Andreas Hausberger statt. Ich nahm damals als Zuschauerin teil. Einige aktive Teilnehmer erhielten mit ihren Pferden Unterricht am Langen Zügel. Diese Art mit den Pferden zu arbeiten begeisterte mich sehr. Es war spannend zu sehen, wie wichtig die richtige Körpersprache bei dieser Form der Arbeit ist und welche feine, harmonische Verbindung zwischen dem Pferd und dem Menschen bestehen muss, um in allen Dressurlektionen zu brillieren.

Zurück zu Hause habe ich mir damals gleich meinen Andalusier Pardo geschnappt und die Arbeit am Langen Zügel selbst ausprobiert. Für den damals noch sehr unsicheren Pardo war es eine große Herausforderung voranzugehen und seinen gewohnten Menschen auf einmal hinter sich zu haben. Richtig intensiv eingestiegen bin allerdings erst, als ich mehrere Monate auf einen neuen Sattel warten musste. Ich entdeckte in dieser Zeit Pardos Talent für die Arbeit am Langen Zügel. Der schüchterne Pardo wurde durch diese Art der Ausbildung mutiger und stolzer. Er ließ sich später sogar in großen Messehallen bei Auftritten am Langen Zügel führen. Leider musste ich ihn im Dezember 2020 viel zu früh gehen lassen. Er wird für mich immer mein Lehrmeister am Langen Zügel bleiben.

Die Arbeit am Langen Zügel erfreut sich in den letzten Jahren immer größerer Beliebtheit. Das finde ich wunderbar. In diesem Buch finden Sie eine Einführung in diese schöne Form der Arbeit. Ihnen wird erklärt, wie die korrekte Arbeit am Langen Zügel aussehen sollte und warum einfaches Hinterhergehen an langen Leinen nichts mit der Arbeit am Langen Zügel zu tun hat. In den vor Ihnen liegenden Kapiteln wird dargestellt, welchen Ausbildungsstand Ihr Pferd haben sollte und wie Sie es am besten ausrüsten. Neben den körpersprachlichen Aspekten lernen Sie Schritt für Schritt, wie Ihnen zu Hause die Anfänge am Langen Zügel gelingen.

Ich wünsche Ihnen nun viel Freude beim Lesen dieses Buches und viel Spaß beim praktischen Ausprobieren mit Ihrem Pferd.

Morgenarbeit in der Winterreitschule, Julius von Blaas, 1890.

Faszination Langer Zügel

Bei der Arbeit am Langen Zügel wird das Pferd von seinem Ausbilder, der seitlich dicht neben der Hinterhand des Pferdes geht, an zwei langen Zügeln geführt. Ein in Perfektion am Langen Zügel ausgebildetes Pferd zeigt nahezu alle Grand-Prix-Lektionen. Lediglich die Verstärkungen können nicht wie unter dem Sattel gezeigt werden. Der Lange Zügel wird nicht umsonst als die Krönung der Ausbildung bezeichnet. Die Arbeit in den hohen Dressurlektionen, geführt nur mit den beiden Zügeln, ist als besonders schwierig einzustufen, da Gewichts- und Schenkelhilfen komplett entfallen. Die Arbeit am Langen Zügel kann nur gelingen, wenn zwischen dem Pferd und seinem Ausbilder Vertrauen herrscht und es eine harmonische Verbindung gibt. Zwangsmöglichkeiten stehen dem Ausbilder am Langen Zügel nicht zur Verfügung und haben in der klassischen Reiterei grundsätzlich keine Berechtigung. Für den Menschen ist das Erleben der isolierten Zügelhilfe eine besondere Erfahrung. Die auf Zügel-, leichte Stimm- und Gertenhilfe reduzierte Kommunikation ist eine hervorragende Gefühlsschulung. Die Arbeit am Langen Zügel ist außerdem eine schöne Ergänzung und Abwechslung im Training.

Die Arbeit am Langen Zügel wird nicht umsonst als die Krönung der Ausbildung bezeichnet. Das ausschließliche Führen über die Zügel ist ein besonderes Erlebnis.

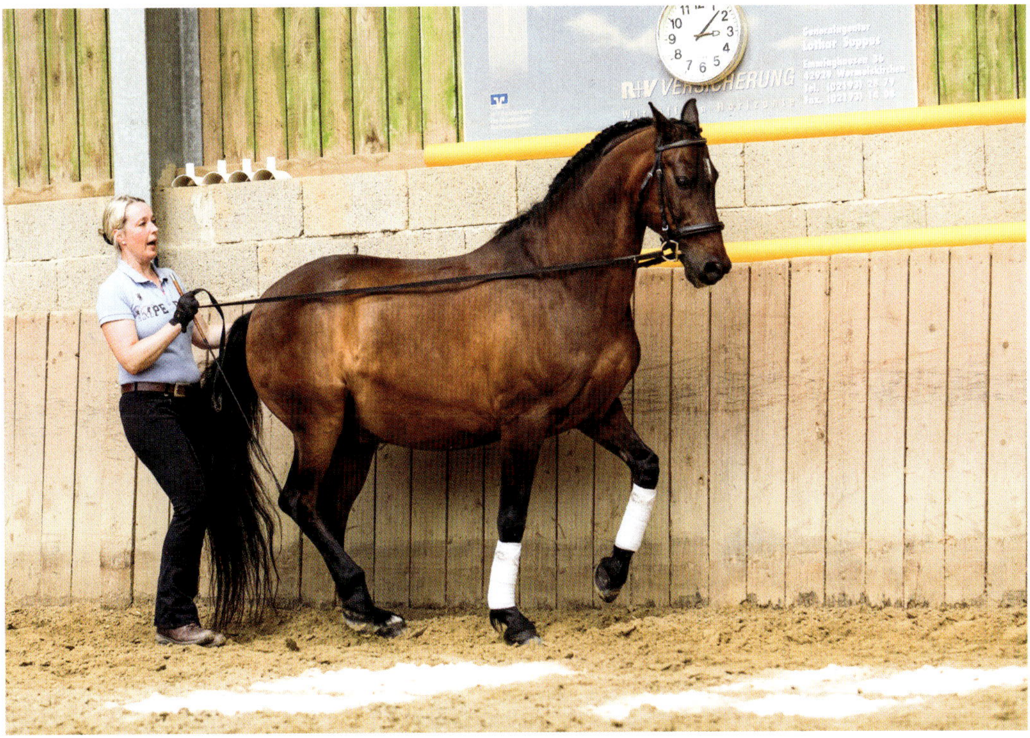

Die Ursprünge der Arbeit am Langen Zügel

Über die Ursprünge der Arbeit am Langen Zügel wurde im Laufe der Jahrhunderte nur sehr wenig niedergeschrieben. Der Mailänder Reitmeister Federigo Mazzuchelli hat im Jahr 1805 in seinem Werk als einer der Ersten die Verwendung von langen Zügeln zum Erlernen der Piaffe beschrieben. Ob dies nun der mögliche Ursprung der Arbeit an der Doppellonge oder der Arbeit am Langen Zügel ist, lässt sich nicht nachvollziehen. Noch vor Mazzuchelli beschreibt August Ruither im Jahr 1791 in einem Aufsatz, dass auch für die Ausbildung des Kriegspferdes zwei lange Leinen verwendet wurden. Stefan Radtke bezieht sich in seinem Buch »Pferde gymnastizieren mit der Doppellonge« auf eine römische Vase im Kunsthistorischen Museum in Wien. Auf dieser Vase sind Szenen zu sehen, in denen schon die Römer lange Zügel zur Schulung ihrer Wagenpferde verwendet haben[1].
In der Spanischen Hofreitschule in Wien war Oberbereiter Mauritius Herold zu Beginn des 20. Jahrhunderts der Erste, von dem bekannt ist, dass er die Arbeit am Langen Zügel zeigte. Über die Anfänge der Arbeit am Langen Zügel kann man folglich nur Vermutungen anstellen. Oberbereiter Andreas Hausberger bezieht sich hier auf das Gemälde von Julius Blaas aus dem Jahr 1890. Zu sehen ist dort ein Bereiter, der sein Pferd an der Hand piaffiert und etwas versetzt hinter dem Sattel steht. Möglicherweise ist durch Experimentieren und dem Wunsch nach einem gesteigerten Schwierigkeitsgrad so die Arbeit am Langen Zügel entstanden.

Neapolitano Salva & Oberbereiter Mauritus Herold

Die Arbeit am Langen Zügel in der Spanischen Hofreitschule

In der Spanischen Hofreitschule in Wien werden die Hengste erst am Langen Zügel ausgebildet, wenn sie das Vorführungsniveau erreicht haben und auch bereits einige Zeit in der Vorführung gegangen sind. Zu diesem Zeitpunkt können sie alle Grand Prix-Lektionen unter dem Reiter zeigen und sind dann in der Regel zwölf bis vierzehn Jahre alt.
In der Spanischen Hofreitschule zeigt nicht jeder der Bereiter die Arbeit am Langen Zügel. Deutet sich in der Zeit als Bereiteranwärter ein entsprechendes Talent an, entscheiden die Oberbereiter, den jungen Kandidaten die Arbeit am Langen Zügel mit einem ausgebildeten Hengst auszuprobieren zu lassen. Ob eine weitere Förderung erfolgt, hängt davon ab, ob der Bereiteranwärter Freude an der Arbeit am Langen Zügel hat. Auch hier wird – genauso wie bei den Pferden – Rücksicht auf die vorhandenen Talente und Interessen genommen. Die jungen Neulinge am Langen Zügel müssen sich zu Beginn ebenso der

[1] Radtke, Stefan M. Pferde gymnastizieren mit der Doppellonge, S. 8.

Siglavy Theordora II & Oberbereiter Herbert Seiberl

Herausforderung stellen, die isolierte Zügelhilfe beherrschen zu lernen. Auch hier sehen die Linien zu Beginn nicht perfekt aus und werden durch stetiges Üben immer besser.
Ebenso wird nicht jeder Hengst am Langen Zügel geschult. Nur Pferde, hinter denen man sicher dicht neben der Hinterhand gehen kann, kommen für die Ausbildung am Langen Zügel infrage. Diese Hengste werden nach Erreichen des Schulquadrille-Niveaus versuchsweise am Langen Zügel geführt und bei entsprechendem Talent weiter gefördert. Nach erfolgter Auswahl werden sie von ihrem Bereiter nur noch am Langen Zügel geschult. Angestrebt wird, den Hengst am Langen Zügel zur Vorführungsreife, das heißt auf Grand-Prix-Niveau zu bringen. Auch wenn der Hengst unter dem Sattel bereits dieses Niveau hat, benötigt der Bereiter in der Regel einen Zeitraum von sechs bis zwölf Monaten, um alle Lektionen am Langen Zügel zu zeigen.

Am Langen Zügel, Doppellonge oder Fahren vom Boden?

Eine Abgrenzung der Begriffe

Ein am Langen Zügel gehendes Pferd wird in Versammlung gearbeitet. Der Ausbilder geht in einer Position dicht seitlich neben der Hinterhand des Pferdes. Geht der Mensch mit durchhängenden Leinen in anderen Positionen am Pferd, spricht man vom Fahren vom Boden. Hier fehlt weitestgehend der gymnastizierende, dressurmäßige Aspekt. Das Fahren vom Boden wird zum Beispiel bei der Ausbildung des Fahrpferdes und im therapeutischen Reiten eingesetzt. Wird das Pferd an der Doppellonge gearbeitet, steht der Ausbilder in gleicher Entfernung wie beim Longieren mit der einfachen Longe. Er führt das Pferd an zwei langen, hinten geschlossenen oder geteilten Longen. Auch bei der Arbeit an der Doppellonge steht die Gymnastizierung des Pferdes im Vordergrund. Der Begriff »Langzügel« ist ein in Mode gekommenes Wort, welches oft fälschlicherweise verwendet wird. Die klassische Bezeichnung heißt »Die Arbeit am Langen Zügel«.

Das ideale Stockmaß liegt bei 1,40 bis 1,65 m.

Voraussetzungen für Pferd und Reiter

Welche Pferde sind geeignet?

Bei der Entscheidung, ob das eigene Pferd für die Arbeit am Langen Zügel geeignet ist, gibt es einige Dinge zu beachten. Die Kriterien für die Beurteilung werden in diesem Kapitel beschrieben.

Interieur des Pferdes

Am Langen Zügel dürfen nur absolut wesensfeste Pferde gearbeitet werden. Pferde, die zum Ausschlagen neigen, sind nicht geeignet. Sie dürfen auf keinen Fall am Langen Zügel gearbeitet werden, da das Verletzungsrisiko für den Ausbilder zu groß ist. Ein weiterer wichtiger Aspekt ist das Temperament des Pferdes. Für die Arbeit am Langen Zügel sind ausschließlich Pferde mit ausreichendem Vorwärtsdrang geeignet. Im Kapitel »Mögliche Probleme« wird näher auf die Gefahr des Einrollens am Langen Zügel eingegangen. Faule und phlegmatische Pferde werden sich tendenziell schneller einrollen und dadurch nicht korrekt über den Rücken gehen.

Zwischen Pferd und Ausbilder sollte ein gutes Vertrauensverhältnis bestehen. Beide sollte mit Freude zusammenarbeiten.

Größe des Pferdes

Das ideale Stockmaß für die Arbeit am Langen Zügel liegt bei 1,40 bis 1,65 m. Bei sehr kleinen Pferden ist die Zügelführung herausfordernder. Der Ausbilder kann zum einen seine Hände nicht an den Pferdekörper anlegen. Zum anderen steigen die Zügel aufgrund des Höhenunterschieds zwischen Pferdemaul und Hand des Ausbilders diagonal an und können daher aufgrund des fehlenden Körperkontakts nicht seitlich begrenzend eingesetzt werden. Bei Pferden über 1,65 m kann die Linienführung schwieriger werden, da der Ausbilder seinen Blick nicht so einfach über den Widerrist schicken kann. Selbstverständlich können auch Pferde außerhalb dieses Stockmaßes erfolgreich und schön am Langen Zügel gearbeitet werden. Die körpersprachliche Umsetzung ist mit Pferden innerhalb des idealen Stockmaßes allerdings einfacher.

Ausbildungsstand des Pferdes

Wie zuvor beschrieben, werden die Hengste in der Spanischen Hofreitschule in Wien erst am Langen Zügel geschult, wenn sie auf Vorführungsniveau sind. Es ist möglich, früher mit dieser Arbeit zu beginnen. Voraussetzung für eine erfolgreiche und harmonische Schulung am Langen Zügel ist ein gewisser Grad an Versammlungsfähigkeit des Pferdes. Es sollte in jedem Fall bereits den versammelten Trab und idealerweise die Seitengänge im Trab beherrschen. Im Kapitel »Der

Ein Anlegen der Zügelfäuste ist bei den ganz Kleinen nicht möglich.

Bei kleineren Pferderassen ist die Zügellinie aufgrund des Größenunterschiedes diagonal ansteigend.

Beginn« wird detailliert erklärt, warum es sinnvoll ist, so schnell wie möglich in der Gangart Trab zu arbeiten. Ein zu frühes Arbeiten am Langen Zügel bringt in der Regel Harmoniestörungen und somit unnötige Probleme in der Ausbildung. Bezug nehmend auf die Ausbildungsstufen des klassischen Ausbildungsweges bedeutet dies, dass das Pferd die Remontenschule abgeschlossen hat und die Anfänge der Campagneschule (beginnende Versammlung und Geraderichtung) beherrscht.

Exkurs: Die klassischen Ausbildungsstufen

Remontenschule:
Grundausbildung des jungen Pferdes, welche das Reiten in möglichst natürlicher Haltung in nicht versammelten Gangarten umfasst. Die Remontenschule dient der Kräftigung des Pferdes und der Wiederfindung des Gleichgewichts[2]. Das Wiederfinden des Gleichgewichts umfasst das Zeigen der taktreinen Gangarten bei schwingendem Rücken, langer Oberlinie und dem Hergeben des Halses sowie der daraus resultierenden Anlehnung an beiden Zügeln. Die

Der 5-jährige Pluto Troja im gleichmäßigen Vorwärts.

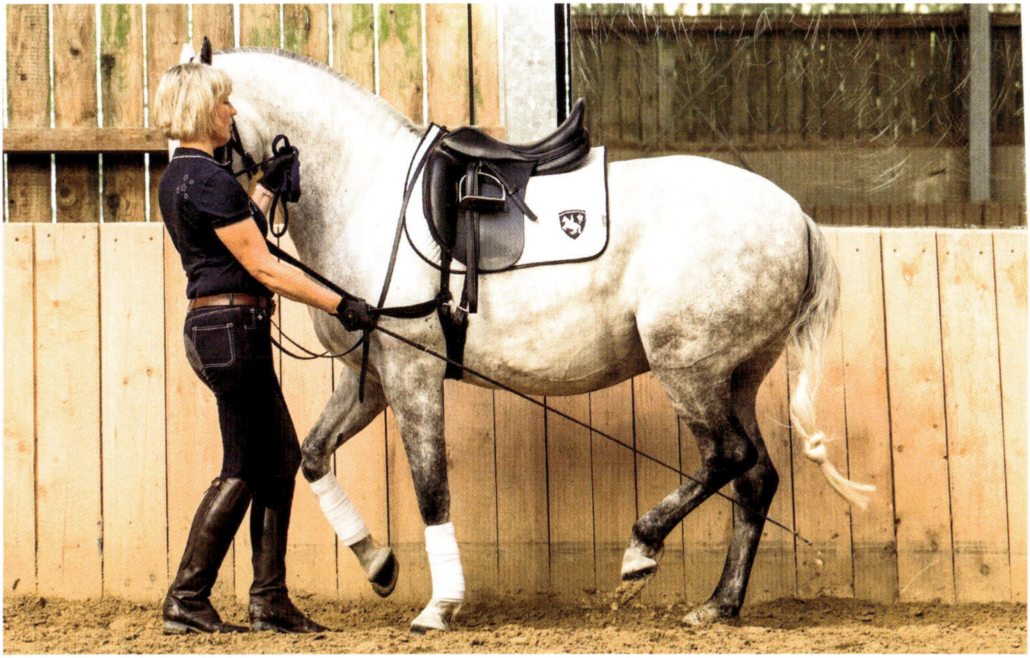

Das Erlernen der Piaffe an der Hand ist Bestandteil der Campagneschule (Pluto Troja im Alter von 7 Jahren).

Remontenschule entspricht den Turnierklassen E und A. Handler und Lessing definieren als Ziel der Remontenschule das richtige Tragenlernen des Reitergewichts mit entspannter Rückenmuskulatur. Geritten wird auf geraden und mäßig gebogenen Linien[3].

Campagneschule:

In dieser Ausbildungsstufe steht die Schulung der Versammlungsfähigkeit des Pferdes im Mittelpunkt. Ziel der Campagneschule ist das Reiten von allen Linien und Wendungen im vollkommenen Gleichgewicht. Die Campagneschule wird auch als Schulung des Pferdes für die Gebrauchsreiterei beschrieben. Dieser Ausbildungsschritt befähigt das Pferd, seinen Reiter ohne gesundheitliche Schäden zu tragen. Die Campagneschule entspricht den Dressurklassen L bis M. Handler und Lessing definieren als Ziele dieser Ausbildungsstufe Schwung, Versammlung und Durchlässigkeit. Durch vermehrte Biegung der Hanken erfolgt eine stärkere Gewichtsaufnahme durch die Hinterhand. Durch die Senkung der Hinterhand wird die Vorhand freier und hebt sich. In der Campagneschule beginnt die Vorbereitung für die Piaffe und es lässt sich erkennen, ob das Pferd geeignet ist für die Schulen über der Erde[4].

[2] Albrecht, Kurt. Ausbildungshilfen für Pferd und Reiter, S. 45.; [3] Handler, Hans und Erich Lessing. Die Spanische Hofreitschule zu Wien, S. 144/145.; [4] Handler, Hans und Erich Lessing. Die Spanische Hofreitschule zu Wien, S. 144/145.

Hohe Schule:
In dieser Ausbildungsstufe bringt der Reiter sein Pferd zur Perfektion. Je nach Eignung, Begabung, Kraft und Sensibilität des Pferdes lernt es in höchster Versammlung Piaffe, Passage, Galopp-Pirouetten und Galoppwechsel von Sprung zu Sprung[5]. Die hohe Schule umfasst die Schulen auf der Erde und die Schulen über der Erde. Die Schulen auf der Erde sind Bestandteil des Turniersports und entsprechen der Turnierklasse S. Die Schulen über der Erde sind kein Bestandteil der Turnierreiterei und umfassen die Levade, Pesade, Kapriole und Courbette[6].

[5] www.srs.at, Die Ausbildung der Hengste.; [6] Handler, Hans und Erich Lessing. Die Spanische Hofreitschule zu Wien, S. 144/145.

Pluto Troja beim Erlernen der Galopppirouette.

Kleine Pferderassen

Die Arbeit am Langen Zügel ist eine hervorragende Möglichkeit, Pferde kleinerer Rassen zu gymnastizieren. Für den normal großen Erwachsenen kommen sie als Reitpferde nicht infrage und oft führen sie ein langweiliges Leben ohne sinnvolle Aufgabe. Aufgrund der fehlenden Schulungsmöglichkeiten unter dem Sattel müssen diese Pferde gewichtslos auf den notwendigen Ausbildungsstand für den Beginn der Arbeit am Langen Zügel gebracht werden. Nach dem ersten Anlongieren an der einfachen Longe ist es sinnvoll, die Ausbildungsinhalte der Remontenschule an der Doppellonge durchzuführen. Mithilfe der Arbeit an der Hand können die Versammlungsfähigkeit und die Seitengänge geschult werden, sodass später problemlos zur Arbeit am Langen Zügel übergegangen werden kann.

Bei den kleinen Pferderassen müssen die Ausbildungsinhalte der Remontenschule mit Hilfe von einfacher Longe und Doppellonge vermittelt werden.

Exkurs: Jana & Shetty-Wallach Joshi

Joshi ist ein 2009 geborenes Shetland-Pony, das im Alter von sechs Monaten zu seiner Besitzerin Jana Faubel kam. Joshi wurde über einen Tierschutzverein vor dem Schlachter bewahrt und die damals 14-jährige Jana hat ihn zu sich geholt. Aufgrund ihrer guten Pflege hatte sie dann sehr bald einen hoch motivierten Dreijährigen vor sich, der gerne beschäftigt werden wollte. Mit seinem Stockmaß von 1,08 m kam ein Job als Reitpferd nicht infrage und so musste Joshi ohne Reitergewicht gymnastiziert werden. Jana hatte zunächst Gelassenheitstraining und Zirkuslektionen mit dem jungen Pferd begonnen. Später wurde die Arbeit an der Hand und die Arbeit an der Doppellonge hinzugenommen. Als Joshi so weit im Gleichgewicht war, dass er an der Doppellonge in allen drei Gangarten in korrektem Takt und feiner Anlehnung gehen konnte, kam auch die Arbeit am Langen Zügel hinzu. Von der Arbeit an der Doppellonge kannte Joshi, dass Jana ihn auch vom Boden fuhr und hinter ihm her ging. Er kannte von dieser Arbeit außerdem alle Stimmkommandos, wie den einfachen Schnalzer für den Trab und den Doppelschnalzer für den Galopp. Mithilfe der Arbeit an der Hand hat Jana dem kleinen Mann zusätzlich die Seitengänge vermittelt, sodass er auch in der Längsachse geschmeidig wurde und geradegerichtet werden konnte.

Janas Herausforderungen bei Joshis Ausbildung am Langen Zügel waren zunächst das gleichmäßige Vorwärts und eine Tendenz zum Einrollen. Joshi hatte zwischenzeitlich immer eigene Ideen, in welche Richtung es denn gehen könnte. Die Tendenz zum Einrollen wurde schnell mit der Erarbeitung des gleichmäßigen Vorwärts behoben. Mittlerweile beherrscht er die Seitengänge im Trab und die Beiden üben nun das Galoppieren am Langen Zügel.

Auch kleine Pferde wollen beschäftigt werden und können bei so ambitionierten Besitzern ein großartiges Pferdeleben führen. Shetty Joshi und Jana Faubel.

Jana & Joshi werden seit 2011 regelmäßig von Andrea Lipp unterrichtet und durften schon auf vielen Auftritten mit dabei sein. Jana arbeitet als Hippotherapeutin und setzt Joshi als Therapiepferd ein. Er ist mittlerweile auch an den Sattel gewöhnt und wird von Kindern geritten. Als echter Allrounder ist er ebenfalls eingefahren und zieht mit Begeisterung eine Kutsche. Joshi ist ein tolles Beispiel dafür, dass auch kleine Pferde beschäftigt werden wollen und bei so ambitionierten Besitzern ein großartiges Pferdeleben führen können.

Alte & rekonvaleszente Pferde

Pferde, die aus alters- oder gesundheitlichen Gründen nicht mehr mit dem Reitergewicht belastet werden sollen, können mit der Arbeit am Langen Zügel noch hervorragend gymnastiziert werden. Durch die versammelnde Arbeit bleiben sie auch als Senioren fit und mobil. Ein weiterer nicht zu unterschätzender Aspekt ist die psychische Komponente. Ein Tier, welches sein Leben lang als Reitpferd im Einsatz war und dies hoffentlich mit Freude tun durfte, mag oft nicht einfach auf die Rentnerwiese gestellt werden, denn neben den gymnastizierenden, positiven physischen Komponenten ist der psychische Faktor ein weiteres nicht zu unterschätzendes Element. Sicherlich arbeitet man mit dem Rentner nicht mehr jeden Tag, sondern nur noch an einigen Tagen in der Woche, doch durch die Arbeit am Langen Zügel hat das Reitpferd im Ruhestand noch eine Aufgabe und fühlt sich gebraucht.

Nicht nur das Pferd muss über ausreichend Ausdauer verfügen.

Andalusier Pardo war auf dem Foto 20 Jahre alt und wurde zu diesem Zeitpunkt nur noch gewichtslos gearbeitet.

Eine weitere Einsatzmöglichkeit ist die Arbeit am Langen Zügel bei Pferden in der Zeit der Rekonvaleszenz. Wurden sie vor der Krankheit bereits am Langen Zügel geschult, können sie hervorragend und schonend antrainiert werden, da das Reitergewicht zunächst noch weggelassen werden kann.

Voraussetzungen des Ausbilders

Im Folgenden wird beschrieben, welche Voraussetzungen der Ausbilder für die Arbeit am Langen Zügel mitbringen sollte.

Fitness

Reiterfitness tritt glücklicherweise mehr und mehr in das Bewusstsein. Nur ein geschmeidiger, beweglicher und auch konditionell trainierter Reiter kann fein mit seinem Pferd kommunizieren. Per Definition versteht man unter Fitness den aktuellen Zustand der körperlichen Leistungsfähigkeit in den Bereichen Kraft, Ausdauer, Schnelligkeit, Beweglichkeit und Koordination.

Ein Aspekt, der von vielen am Langen Zügel interessierten Menschen häufig sehr unterschätzt wird, ist die eigene körperliche Fitness. Um das Pferd ohne Harmoniestörungen am Langen Zügel zu arbeiten, braucht der Ausbilder eine sehr gute Grundausdauer, gilt es doch in großen, weiten Schritten mit dem Pferd mitzugehen. Bei fehlender Ausdauer des Ausbilders bestehen zwei Gefahren: Zum einen neigt der körperlich nicht trainierte Mensch dazu, sein Pferd in nicht ausreichendem Vorwärts am Langen Zügel gehen zu lassen, was negative Konsequenzen für die Rückentätigkeit des Pferdes hat. Zum anderen besteht die Gefahr, dass die fehlende Kondition des Menschen zu unerwünschten Einwirkungen am Gebiss führt, weil das fließende, harmonische Mitgehen des Ausbilders nicht möglich ist. Es kann sinnvoll sein, zuerst ohne das Pferd an der eigenen Ausdauer zu arbeiten.

Neben der Ausdauer sind aus der oben erwähnten Definition für die Arbeit am Langen Zügel die Bereiche Koordination und Beweglichkeit relevant. Der Ausbilder muss über eine gute Koordinationsfähigkeit verfügen, um fein dosiert am Langen Zügel einwirken zu können. Für die richtige Gehtechnik benötigt er eine gut gedehnte hintere Beinmuskulatur und eine geschmeidige Muskulatur im Bereich der Lende. Die Bereiche Kraft und Schnelligkeit spielen bei der Arbeit am Langen Zügel eine eher untergeordnete Rolle.

Egal ob man das Pferd gewichtslos oder unter dem Sattel arbeitet, ist es stets hilfreich, wenn man selbst Sport treibt und weiß, wie sich körperliche Anstrengung anfühlt. Neben der oben beschriebenen Notwendigkeit der eigenen Fitness, um fein einwirken zu können, schafft das eigene Sporttreiben überdies ein Gefühl dafür, welche Trainingsintensität sinnvoll ist. Allzu oft sieht man untrainierte Menschen, die von ihren Tieren Höchstleistungen verlangen. Wer selbst einmal gespürt hat, wie unangenehm ein nicht gedehnter Muskel ziehen und wie schmerzhaft es in der Muskulatur brennen kann, wenn die Kraft zu schwinden beginnt, kann sich viel besser in Trainingsmaß und Gemütszustand des eigenen Pferdes einfühlen.

Kleidung & Schuhwerk

Aufgrund der zuvor beschriebenen sportlichen Komponente für den Ausbilder ist es notwendig,

Der Ausbilder sollte gutes Schuhwerk tragen, in dem er problemlos laufen kann.

dass er mit gutem Schuhwerk ausgerüstet ist, in dem er problemlos laufen kann. Außerdem sollte die Kleidung so bequem sein, dass er sich gut und frei bewegen kann.

Wie muss das Pferd ausgerüstet sein?

Dieses Kapitel befasst sich mit der richtigen Ausrüstung für die Arbeit am Langen Zügel.

Zäumung

Die klassische Zäumung des Pferdes am Langen Zügel ist die Trense. Hebelgebisse werden nicht verwendet. Ein korrekt am Langen Zügel gearbeitetes Pferd zeichnet sich durch einen konstanten Zug nach vorne aus. Der Ausbilder hat eine feine Anlehnung und einen gleichmäßigen Kontakt zu beiden Maulwinkeln des Pferdes. Bei Einsatz von Hebelgebissen müsste das Pferd daher auf Kandare und Unterlegtrense geführt werden, um die stete Verbindung am Trensengebiss zu bewahren. Eine Führung mit vier Zügeln ist nicht realisierbar. Die Arbeit am Langen Zügel auf blanker Kandare ist aus oben genannten Gründen abzulehnen.

Welches Trensengebiss verwendet wird, ist abhängig vom Pferd. Wie beim Reiten sollte das Gebiss eingesetzt werden, mit dem das

Die klassische Zäumung am Langen Zügel ist die Trense.

Pferd zufrieden läuft. In der Spanischen Hofreitschule sind die Hengste stets mit Hannoverschem Reithalfter und einer einfach oder doppelt gebrochenen Wiener Knebeltrense gezäumt. Das Gebissstück ist immer mit dem Feststellriemen am Backenstück befestigt. Diese Zäumung hat den Vorteil, dass sie das Gebiss ruhig in das Maul legt. Beim Hannoverschen Reithalfter ist der Kinnriemen vor dem Gebiss positioniert und liegt in der Kinngrube. Besonders empfindliche Pferde mögen die ruhige Positionierung des Gebisses durch die Hannoversche Verschnallung. Neue Trensenmodelle, wie das Micklem und die daran orientierten anatomisch geformten Nachfolgemodelle, nutzen die am Hannoverschen Reithalfter angelehnte Positionierung des Gebisses. Selbstverständlich wird der Kinnriemen des Reithalfters nur so weit geschlossen, dass das Pferd jederzeit den Unterkiefer bewegen kann. Als Regel kann der Ausbilder sich merken, dass das Pferd in der Lage sein sollte, bei zugeschnalltem Reithalfter problemlos von einer dicken Möhre abzubeißen.

Exkurs: Warum eng verschnallte Nasenriemen kein Kavaliersdelikt sind

von Osteodressage – Katharina Möller & Claudia Weingand

Wir dürfen an dieser Stelle zusammenfassen, was eigentlich so schlimm daran ist, den Nasenriemen fester zu schnallen als empfohlen. Denn leider ist das immer noch ein häufiges Problem:

Unter anderem ist 2013 wissenschaftlich belegt worden, dass die klassisch korrekte »Zwei-Finger-Regel« (zwei aufgestellte Finger passen zwischen Nasenriemen und Nasenbein des Pferdes) eben nicht überall zu gelten scheint: Irische Wissenschaftler um Orla Doherty (Universität Limerick, Irland) untersuchten, wie eng Nasenriemen verschnallt werden: Von 201 untersuchten Vielseitigkeits- und Hunter-Pferden passten bei nur 12 % zwei Finger unter den Riemen, bei 47 % kein einziger Finger statt der klassisch korrekten zwei. Ein irisches Problem? Nein! 2015 machte Tierärztin Dr. Kerstin Tönnies in einem offenen Brief darauf aufmerksam, dass sie auf dem Bundeschampionat sehr viele Jungpferde mit zu engen Reithalftern gesichtet hatte. Das Problem ist also durchaus auch hierzulande vorhanden ...

Stress- und Schmerzfaktor Nasenriemen – Erkenntnisse aus der Wissenschaft

Eine australische Forschergruppe (Paul McGreevy, Kate Fenner, Samuel Yoon, Peter White und Melissa Starling) veröffentlichte 2016 in der Studie »The Effect of Noseband Tightening on Horses Behavior, Eye Temperature and Cardiac Responses« die Zusammenhänge zwischen engen Reithalftern und Verhaltensänderungen sowie Stress-Symptomen: Zwölf Reitpferde unterschiedlichen Geschlechts und unterschiedlicher Rassen (Durchschnittsalter 6,6 Jahre) nahmen teil.

Während des Tests wurde das jeweilige Pferd überwacht, verschiedene Parameter (Augentemperatur, Herzschlagrate) erhoben und das Verhalten via Video dokumentiert. Dabei wurde jeweils an verschiedenen Tagen eine von vier verschiedenen Nasenriemeneinstellungen in Kombination mit unterschiedlich lockeren Verschnallungen einer Kandarenzäumung bei den teilnehmenden Pferden angewendet: Beobachtbar war bei zu enger Verschnallung (kein Abstand unterhalb des Nasenriemens, der Nasenriemen lag so eng am Nasenrücken, dass kein Platz unter dem Riemen war) eine deutliche Veränderung der Herzschlagrate, der Herzschlagvariabilität sowie der Augentemperatur: Die Pferde empfanden demzufolge Stress, Schmerz und Unbehagen. Gähnen, Lecken und Kauen waren nicht mehr feststellbar, die Schluckfrequenz halbiert sich. Sobald die Zäumung entfernt wurde, nahmen Gähnen, Schlucken und Lecken signifikant zu: Kompensationsverhalten wegen der vorherigen Unterdrückung dieser Verhaltensweisen – und das alles, ohne dass ein Reiter die Zügel auch nur in der Hand hatte.
Übrigens hat auch die Art des Nasenriemens Einfluss auf den Druck, der auf das Nasenbein des Pferdes ausgeübt wird. Das fanden die Wissenschaftlerin Jayne Peters und ihre Kollegen vom Bishop Burton College in East Yorkshire, Großbritannien (2019 veröffentlicht) mittels Druckmessungen mit verschiedenen Reithalftern heraus. Es waren deutliche Unterschiede bei dem durch die Nasenriemen ausgeübten Druck in Schritt und Trab feststellbar: Im Schritt und im Trab wies das kombinierte Reithalfter die größte Druckbelastung auf (Mittelwert im Trab 41,24 mmHg), gefolgt vom Hannoverschen Reithalfter (Mittelwert Trab 24,62 mmHg) und dem Englischen Reithalfter (Mittelwert Trab 9,68 mmHg).

Gewebeschäden durch Reithalfter?
Dieser erhebliche Druck auf Nasenbein und Unterkiefer kann zu ernst zu nehmenden Schäden am Gewebe führen. Auch das ist mittlerweile wissenschaftlich belegt, nämlich durch eine Forschergruppe um Paul McGreevy in der Studie »Prevalence and Distribution of Lesions in the Nasal Bones and Mandibles of a Sample of 144 Riding Horses« (2020).
144 Reitpferde nahmen teil: Ihre Köpfe wurden von zwei Tierärzten untersucht und anschließend geröntgt. Die Ergebnisse sind alarmierend: 33,3 % der Pferde zeigten im Bereich des Nasenbeins eine Knochenverdünnung, 6,9 % pathologische Knochenablagerungen. Rund 82 % der Pferde hatten laut der Tierärzte fühlbare Knochenablagerungen auf dem Nasenbein, bei zumindest 32 % ertasteten die Tierärzte eine Knochenverdünnung. An den Unterkieferästen waren bei einem Drittel (etwa 33 %) der Pferde Knochenablagerungen im Nasenriemenbereich nachweisbar.
Erklärbar sind diese Befunde, wenn man sich die Funktion der Knochenhaut (Periost) anschaut, die der äußeren Knochenfläche aufliegt. Das Periost ist gut durchblutet und von Nerven durchzogen (das wissen Sie spätestens, wenn Ihnen jemand gegen das Schienbein getreten hat). Es hat eine ernährende und regenerative Funktion. Wird es durch dauerhaften starken Druck beeinträchtigt, kann es zu Entzündungsreaktionen (Knochenhautentzündung) kommen, was die Knochenzubildungen in der Röntgenstudie erklärt. Wer schon mal eine Knochenhautentzündung hatte, weiß, wie schmerzhaft diese sein kann. Wird die Knochenhaut geschädigt, kann sie die darunterliegenden Knochenzellen nicht mehr ausreichend versorgen und es kommt zum Knochenabbau.

Die Art des Nasenriemens hat Einfluss auf den Druck, der auf das Nasenbein ausgeübt wird.

Nerven werden durch eng verschnallte Reithalfter beeinträchtigt

Im Bereich der typischen Zäumungen liegen zwei Nervenaustrittstellen aus dem Schädel: zwei Fingerbreit vor der Gesichtsleiste verlässt der Nervus infraorbitalis den Schädel. Der »Unteraugennerv« ist die direkte Fortsetzung des Nervus maxillaris, einem Hirnnerv, der ein Zweig des Nervus trigeminus (Drillingsnerv) ist. Es wird von vielen Tierärzten vermutet, dass Headshaking auf einer sogenannten Trigeminusneuralgie beruht, also einem Gesichtsschmerz, der sich auf das Versorgungsgebiet des Drillingsnervs (Nervus trigeminus) beschränkt. Der Austritt des Nervus infraorbitalis ist ein Triggerpunkt für Trigeminusprobleme.

Auch im Bereich des Kinnriemens (Hannoversches Reithalfter oder Sperrriemen) gibt es ein Nervenaustrittsloch, das Foramen mentale. Der dort austretende Nervus mentalis versorgt die Haut im Kinnbereich und die Unterlippe. Kompression kann zur Beeinträchtigung dieses Nervs führen. Bei manchen Pferden geht das so weit, dass sie die Unterlippe hängen lassen. Nicht zuletzt sei die bei Menschen bekannte Temporomandibuläre Dysfunktion (TMD) erwähnt. Diese ist ein unpräziser Sammelbegriff für eine Funktionsstörung im Kiefergelenksbereich und im Bereich der Kaumuskulatur. Bei Problemen in diesem Bereich (die bei unterdrückten Kaubewegungen und Schmerzhaftigkeit bei zu eng verschnallten Nasenriemen sehr wahrscheinlich auftreten) sind beim Menschen u.a. beobachtbar: asymmetrische Kaubewegungen, nicht physiologische Zahnkontakte, Spannungskopfschmerz oder Migräne, Nacken- und Rückschmerzen sowie Tinnitus. All das ist bei Pferden denkbar, aber nicht erwiesen. Zusammenfassend ist zu sagen: Pferdefreundlich ist nur die klassisch korrekte Verschnallung mit zwei aufgestellten Fingern Platz zwischen Riemen und Nasenbein. Engere Verschnallungen verursachen Schäden, Stress und Schmerzen.

Im Bereich der typischen Zäumungen liegen zwei Nervenaustrittsstellen aus dem Schädel.

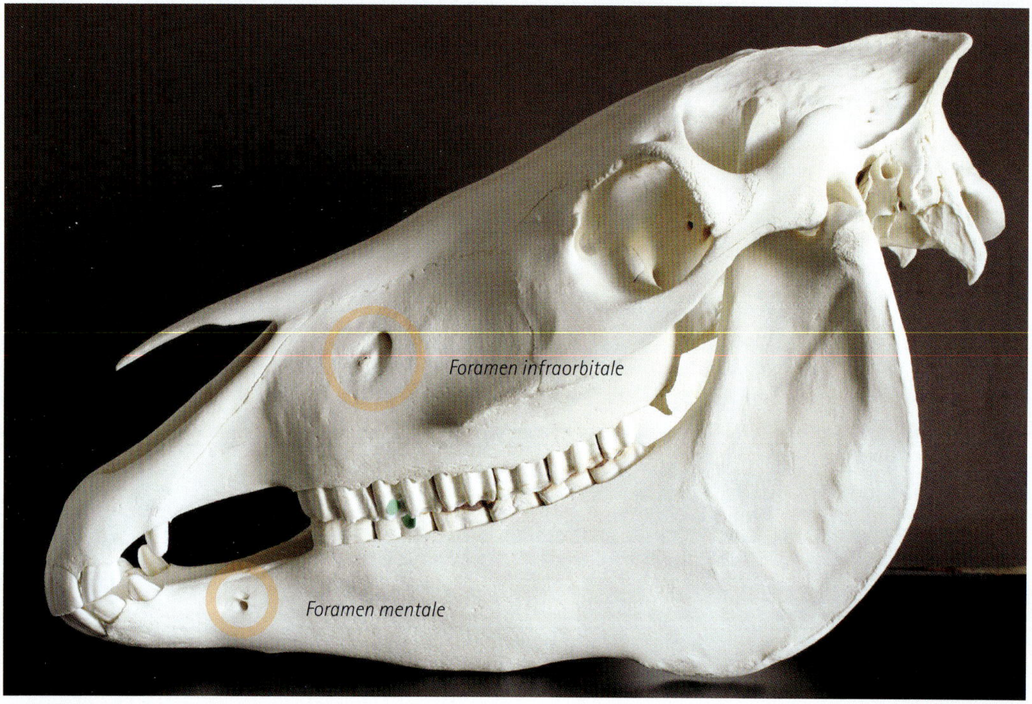

Material & Länge des Langen Zügels

Das übliche Material für den Langen Zügel ist Gurt. Dieses Material hat den Vorteil, dass es leichter ist als Lederzügel. Ein Lederzügel hat aufgrund der benötigten Länge häufig zu viel Gewicht, um mit feiner Verbindung zu führen. Die Wahl des Materials ist abhängig vom persönlichen Geschmack des Ausbilders. Am Markt verfügbar sind auch sehr dünne Zügel aus Leder oder Biothane. Sehr dünne Leder- oder

Das ideale Material für den Langen Zügel ist Gurt.

Biothanezügel können vergleichbar leicht sein wie Gurtzügel. Es ist stets darauf zu achten, dass die Zügelfäuste problemlos und ohne Verkrampfung geschlossen werden können und der ganze Zügel nicht zu schwer ist. Der Lange Zügel muss dem Ausbilder gefühlsmäßig angenehm in der Hand liegen. Aus Sicherheitsgründen sollte der Zügel nicht geteilt und somit auf jeden Fall geschlossen sein. Ausbilder und Pferd können sich in den offenen Zügelenden verfangen. Die losen Zügelenden geben außerdem unerwünschte Impulse auf den Pferdekörper.

Ein wichtiger Sicherheitsaspekt ist die Länge des Zügelmaterials. Etliche am Markt angebotene Lange Zügel sind viel zu lang. Bei zu langen Zügeln besteht Unfallgefahr, da sich Pferd und Mensch in der zu lang herunterhängenden Schlaufe verfangen können. Der Lange Zügel sollte maximal bis zum Sprunggelenk herunterhängen. Besser ist eine maximale Länge bis auf Kniehöhe des Pferdes. Eine schöne Möglichkeit,

Der Lange Zügel darf auf keinen Fall zu weit herunterhängen.

einem sonst fragwürdigen Ausrüstungsgegenstands eine positive Nutzung zukommen zu lassen, ist die Verwendung eines Schlaufzügels aus Gurtmaterial. Gewählt in der zum Pferd passenden Größe, sind diese hervorragend geeignet, um als Lange Zügel eingesetzt zu werden.
Der Lange Zügel sollte niemals mit Metallhaken am Ende ausgerüstet sein. Selbst bei fest stehenden Metallhaken verhindert die durch das schwere Metall verursachte Schwingung eine feine Verbindung zum Pferdemaul. Der Zügel wird immer direkt in den Trensenring eingeschnallt.

Gerte nicht zu lang

Bei der Gerte ist darauf zu achten, dass sie auf keinen Fall zu lang ist. Sie sollte maximal bis zum Sprunggelenk des Pferdes reichen. Eine zu lange Gerte kann zu unerwünschten Berührungen führen. Wie flexibel die Gerte sein sollte, hängt vom Temperament des Pferdes ab. Prinzipiell kann angemerkt werden, dass besonders feinnervige und temperamentvolle Pferde eher mit festeren Gerten gearbeitet werden sollten. Eine zu intensiv schwingende Gertenspitze kann ungewollt treibend einwirken. Der Ausbilder sollte darauf achten, dass ihm der Gertengriff angenehm in der Hand liegt. Bei einem Pferd zwischen 1,40 bis 1,65 m Stockmaß sind Gerten mit einer Länge von circa 90 cm gut geeignet. Bei kleineren Pferden sollte die Gerte entsprechend kürzer gewählt werden.

Die Gerte sollte eine maximale Länge von 90 cm haben.

Longiergurt: Ja oder Nein?

Grundsätzlich ist das Pferd bei der Arbeit am Langen Zügel nicht mit einem Longiergurt ausgerüstet. Bei Verwendung eines Longiergurtes fehlen die Gestaltungsmöglichkeiten in der Zügelführung. Bei sehr kleinen Ponyrassen kann es zu Beginn sinnvoll sein, einen Longiergurt zu verwenden, da diese sich unter den Zügeln drehen können, solange die Linienführung noch nicht funktioniert. Auch der Longiergurt muss hochwertig verarbeitet sein. Leider gibt es am Markt viele Modelle, die im Bereich der Wirbelsäule nicht ausreichend gepolstert sind und den Pferden unangenehmen Druck in diesem Bereich verursachen. Bei Verwendung von nicht passenden Ausrüstungsgegenständen ist selbstverständlich kein gymnastizierender Effekt zu erzielen, da sich der vierbeinige Schüler nicht wohlfühlen kann. Auf dem Foto ist ein hochwertiger Longiergurt zu sehen. Bei diesem Gurt sind die Kissen mit Polsterwolle gefüllt, sodass der Gurt sich weich anschmiegt. Sobald die »Lenkung« funktioniert, wird auch bei den kleinen Rassen so schnell wie möglich auf den Longiergurt verzichtet.

Bei kleinen Pferderassen kann vorübergehend die Verwendung eines Longiergurtes notwendig sein.

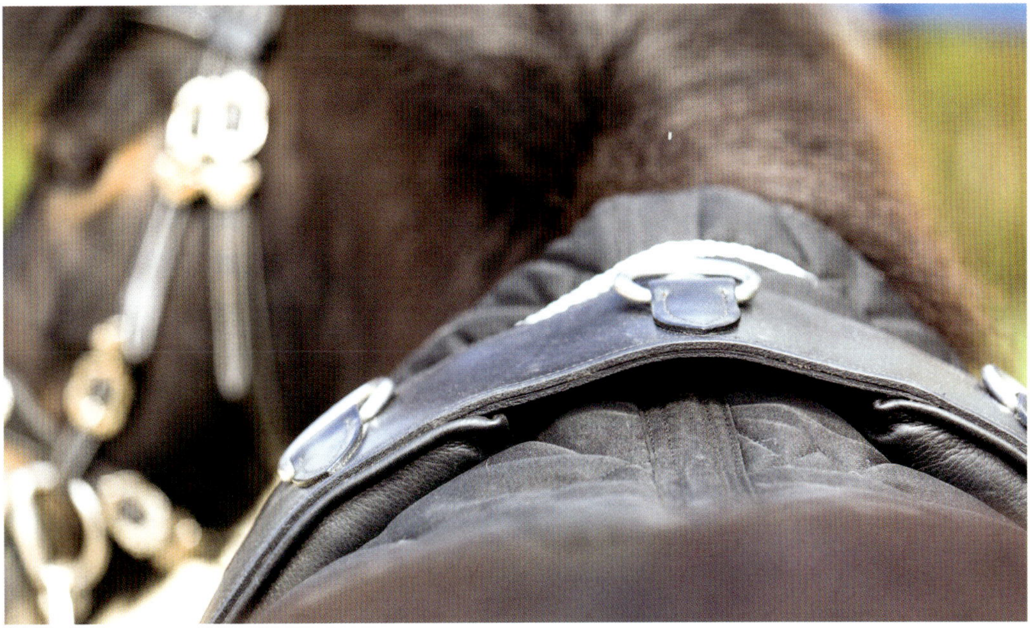

Auch beim Longiergurt ist auf ausreichend Wirbelsäulenfreiheit und hochwertige Polster zu achten.

Große weite Schritte und ein nach vorne schweifender Blick sind entscheidend für eine harmonische Arbeit am Langen Zügel.

So fängt man an

Hilfengebung

Die Hilfengebung ist bei der Arbeit am Langen Zügel auf Körpersprache, Zügel-, Touchier- und Stimmhilfe reduziert. Schenkel- und Gewichtshilfen entfallen. Im Folgenden wird die Hilfengebung am Langen Zügel erklärt.

VIDEO

Die richtige Gehtechnik ist entscheidend für die harmonische Hilfengebung am Langen Zügel.

Körpersprache

Der richtige Einsatz der Körpersprache ist der Schlüssel zum Erfolg für eine harmonische Kommunikation am Langen Zügel. Zentrale Elemente für den Ausbilder sind die Blickrichtung und die richtige Art des Gehens. Genauso wie beim Reiten sollte der Mensch seinen Blick immer vorausschicken, das heißt der Kopf ist getragen und der Ausbilder sucht sich in der Reitbahn stets einen Zielpunkt, auf den er mit seinem Pferd zugeht. Häufig passiert es, dass bei noch bestehender Unsicherheit der Blick nach unten gewandt wird. Das innere Bild sollte immer der »schweifende und weiche Blick« sein. Auch ein regelrecht festgesaugter, starrer Blick ist eine Form der Verkrampfung, welche sich umgehend auf das Pferd überträgt. Der nach vorne geschickte Blick überträgt Lockerheit und das richtige Vorwärts auf das Pferd. Das zweite Kernelement für die richtige Körpersprache ist die korrekte Gehtechnik. Der Ausbilder muss in großen, weiten Schritten mitgehen. Bei dieser Art des Gehens muss die volle Spannweite der eigenen Beine ausgenutzt werden. Auch kleinere Menschen mit kürzeren Beinen können mit dem passenden inneren Bild große, weite Schritte machen. Das innere Bild könnten die »Sieben-Meilen-Stiefel«-Schritte wie im Märchen vom »Kleinen Däumling« sein. Es kann sinnvoll sein, diese großen, weiten Schritte zuerst ohne das Pferd zu üben. Die beschriebene Gehtechnik ist die Bedingung für eine störungsfreie Führung am Langen Zügel. Geht der Ausbilder mit zu kleinen Schritten, kommt der Oberkörper zu weit nach vorne und ein harmonisches Mitgehen mit dem Pferd ist nicht mehr möglich. Der Mensch beginnt in diesen Fällen, mit vorgeneigtem Oberkörper und zu kleinen Schritten regelrecht hinter dem Pferd herzustolpern. Das stete Besinnen auf die großen Schritte und den zurückgenommenen Oberkörper bei locker vorgebrachtem Bauchnabel ist der Schlüssel für eine feine Arbeit am Langen Zügel.

Genauso wie beim Reiten sollte der Mensch auf seinen fließenden Atem achten. Ein angehaltener Atem führt zu Verkrampfungen beim Pferd. Wie beim Joggen muss der Ausbilder so fit sein, dass er stets genug Atemluft hat, um sein Pferd mit freundlicher Stimme zu loben. Fehlt dazu der Sauerstoff, kann dies zum einen auf fehlende Kondition oder zum anderen auf die falsche Atemtechnik hindeuten. Auch ein Anhalten der Luft vor lauter Konzentration führt zu Atemlosigkeit.

Ein weiterer körpersprachlicher Aspekt ist der eigene Energielevel. Der Ausbilder muss sich mit seinem Energielevel auf das zu arbeitende Pferd einstellen. Pferden, denen Energie fehlt, kann mit einer strammeren Körpersprache des Ausbilders regelrecht Energie zugeführt werden.

Macht der Ausbilder zu kleine Schritte, gerät der Oberkörper zu weit nach vorne. Der Ausbilder stört den Bewegungsfluss des Pferdes und kommt selbst hinter die Bewegung.

Bei Pferden mit überschießendem Temperament muss der Ausbilder hingegen über eine weiche, fließende Körpersprache gut darauf achten, dass er Ruhe überträgt und das Zuviel an Energie langsam abbaut.

Zügelführung

Die Zügel werden genauso aufgenommen wie beim Reiten. Sie werden bei sanft geschlossener Zügelfaust zwischen Ring- und kleinem Finger durchgeführt. Da für die Kommunikation mit dem Pferd Gewichts- und Schenkelhilfen fehlen, kommt dem korrekt aufgenommenen Zügel bei dieser Arbeit eine ganz besondere Bedeutung zu. Selbstverständlich führt auch beim Reiten eine nicht korrekt getragene Zügelfaust zu Fehlern in der Anlehnung. Beim Langen Zügel hat diese jedoch größere Auswirkungen, da hier die Kommunikation im Wesentlichen auf den Zügel reduziert ist. Die unten stehende Zeichnung verdeutlicht, wie die richtig getragene Zügelfaust aussehen sollte. Die richtig getragene Zügelhand hat den Daumen als höchsten Punkt, der wie ein kleines Dach oben auf dem Zügel aufliegt. Alle Finger liegen gleichmäßig aufeinander, die Fingerspitzen berühren sanft die Handinnenfläche. Die Gelenke sind locker und die Muskulatur der Hand ist unverkrampft. Bei einer korrekt getragenen Zügelfaust sind die letzten Gelenke der Finger nicht eingedreht. Dieses fehlerhafte Eindrehen der Fingerkuppen machen viele im falschen Verständnis des Begriffs »Zügelfaust«. Komplett eingedrehte Fingergelenke führen zu einer Verkrampfung.

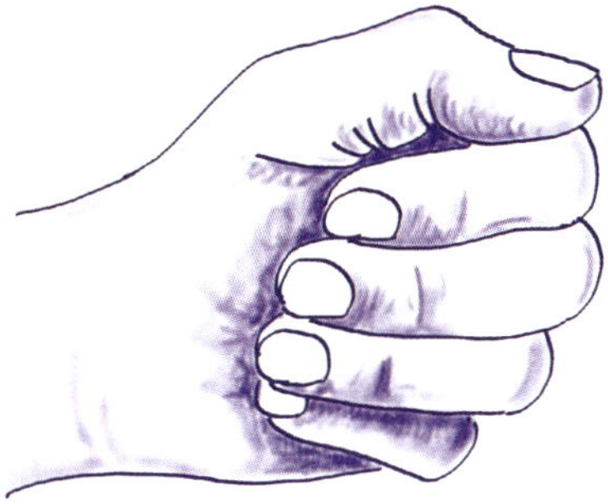

So sollte beim Reiten und bei der Arbeit am Langen Zügel die korrekt getragene Zügelfaust aussehen.

Würde man keine Handschuhe tragen, könnte man bei der korrekt getragenen Zügelfaust immer seine Fingernägel sehen. Bei den falsch eingedrehten Fingerkuppen verschwinden die Fingernägel und sind nicht mehr sichtbar.

Genau wie beim Reiten sollten übrigens unbedingt Handschuhe getragen werden. Damit einer gefühlvollen Zügelführung nichts im Wege steht, ist es empfehlenswert Handschuhe aus dünnem Material zu wählen. Wer in dem Glauben mit dem Pferd arbeitet, dass er ohne Handschuhe eine feinere Zügelführung hat, ist auf dem Irrweg. Das Material des Handschuhs ist stumpfer als die glatte Haut. Der Zügel liegt daher im Handschuh wesentlich ruhiger. Für das Pferd ist es angenehmer, da durch die ruhigere

Der Zügel wird genauso aufgenommen wie beim Reiten. Das Tragen von Handschuhen ist aus Sicherheitsgründen und für eine feinere Zügelführung empfehlenswert.

Lage die Signale der Reiterhand exakter und feiner im Pferdemaul ankommen. Ein weiteres Argument für das Tragen von Handschuhen ist der Sicherheitsaspekt. Sollte es mal zu heftigen Reaktionen des Pferdes kommen, was selbst bei feinster Führung mit einem Fluchttier immer möglich ist, schützen die Handschuhe vor Brandverletzungen, die an den Händen durch durchrutschende Zügel entstehen können. Auf den zwei folgenden Zeichnungen sind schöne innere Bilder zu sehen, wie das Aufrechttragen der Zügelfäuste gelingt. Zum einen kann man sich vorstellen, dass man ein Weinglas in den Händen trägt.

Gekippte Zügelfäuste führen unweigerlich zu einem Auskippen des Inhalts. Die Vorstellung von hässlichen Rotweinflecken auf dem Schimmel kann zusätzlich helfen, die Fäuste zu tragen. Zum anderen kann man sich als weiteres Bild ein kleines Vöglein in der Hand vorstellen. Das Vogelkind sollte stets mit seinem Köpfchen oben aus der Faust herausschauen. Die Hand ist so geschlossen, dass es nicht wegfliegen kann, aber dennoch so sanft, dass der kleine Vogel nicht zu sehr gedrückt wird. Dieses innere Bild ist sehr gut geeignet für Menschen, die mit offenen Zügelfäusten arbeiten.

Am Langen Zügel wird je nach Lektion in zwei verschiedenen Grundhaltungen geführt. Unterschieden werden die ***breite Führung*** und die ***enge Führung***.
Die ***breite Führung*** ist die Grundposition für die Arbeit am Langen Zügel. Sie wird bei allen großen Linien wie ganze Bahn und Handwechseln, bei Wendungen (Pirouetten) sowie bei Piaffe und Passage verwendet. Die Hände

Das innere Bild »Weinglas« ist hilfreich für die aufrecht getragene Zügelfaust.

Für eine weiche, aber dennoch geschlossene Zügelhand hilft der Gedanke eines kleinen Vögleins in der Hand, welches nicht wegfliegen, aber auch nicht verletzt werden darf.

Bei der breiten Zügelführung liegen die Hände links und rechts vom Schweif.

Bei der engen Zügelführung werden die Hände seitlich zusammen neben der Kruppe geführt.

werden hierzu links und rechts neben dem Schweif positioniert. Zu Beginn ist es sinnvoll, die Hände stets in Kontakt zum Pferd zu belassen, da so eine ruhige Führung gewährleistet ist. Bei der ***engen Führung*** werden die Hände seitlich neben die Kruppe genommen und dicht zusammen getragen. Diese Führung wird bei allen Seitengängen angewendet.

Für eine feine Zügelführung ist es wichtig, dass der Ausbilder immer gleichmäßigen Kontakt zum Pferdemaul hält. Die Zügel dürfen auf keinen Fall durchhängen. Auch am Langen Zügel verhält es sich mit der Anlehnung wie beim Reiten: Eine konstante und feine Verbindung bringt dem Pferd Ruhe und Sicherheit.
Beim Erarbeiten von neuen Lektionen kann es notwendig sein, die Hände aus den beschriebenen Grundpositionen zu nehmen, um die Linienführung zu korrigieren. In solchen Situationen sollte stets darauf geachtet werden, dass immer eine Hand in Kontakt zum Pferdkörper bleibt. Dieser Kontakt bietet dem Pferd Sicherheit. Verliert man den Kontakt mit beiden Händen und berührt das Pferd dann plötzlich wieder, kann dies zu Abwehrreaktionen führen. Die feine und permanente Betreuung mit den Zügeln in Verbindung mit dem Kontakt zum Pferdekörper vermittelt dem Pferd Sicherheit. Außerdem sorgt diese Art der Führung für ein harmonisches Gesamtbild von Pferd und Mensch.

Führposition & Sicherheit

Der Ausbilder geht am Langen Zügel seitlich direkt neben der Kruppe des Pferdes. Das Wahren dieser Führposition ist immer zu beachten. Bei Abweichungen von der korrekten Führposition kann es im Falle eines Ausschlagens des Pferdes zu schweren Verletzungen kommen. Der Ausbilder

In der korrekten Führposition geht der Ausbilder regelrecht auf Tuchfühlung mit dem Pferd und steht seitlich dicht neben der Kruppe.

Falsch! Der Ausbilder darf niemals direkt hinter dem Pferd gehen!

geht regelrecht auf Tuchfühlung mit seinem Pferd. Die Zügel liegen links und rechts neben dem Schweif in der beschriebenen breiten Führung. Dieser Sicherheitsaspekt sollte stets beachtet werden. Durch die nahe Position am Pferd kann dieses den Ausbilder im Falle eines Ausschlagens nicht so stark treffen, da der Weg für ein weites Ausholen der Hinterbeine zu kurz ist. Schon geringe Abweichungen von der beschriebenen Position können gefährlich werden. Es ist in jedem Moment darauf zu achten, dass man sich nicht entfernt oder hinter das Pferd gerät. Auch ein Überholen des Pferdes in Richtung Sattellage ist

Aus Sicherheitsgründen kann es zu Beginn sinnvoll sein, in ausreichend großem Abstand zu führen.

zu vermeiden. Wenn man sich zu Beginn nicht sicher ist, wie sich das Pferd am Langen Zügel verhält, kann man mit sehr langen Zügeln seitlich hinten weiter entfernt vom Pferd gehen. Hier ist darauf zu achten, dass man sich bei dieser Führposition auf jeden Fall außerhalb des Trefferradius der Hinterhufe befindet. Die oben beschriebene korrekte Führposition ist so schnell wie möglich anzustreben.

Stimme

Aufgrund der reduzierten Einwirkungsmöglichkeiten bei der Arbeit am Langen Zügel kommt der Stimmhilfe eine besondere Bedeutung zu. Neben dem üblichen Einsatz für die positive Bestätigung des Pferdes ist es sinnvoll die Stimme zu nutzen, wenn ein treibender Impuls gegeben werden muss. Hierzu sollte der Ausbilder ein stets gleiches Stimmkommando verwenden. Bewährt hat sich ein einfacher Schnalzer für den treibenden Impuls im Schritt und Trab. Für die Galopparbeit ist der Doppelschnalzer empfehlenswert, da er gut zum Rhythmus des Galoppsprungs passt. Analog zur Schulung der Schenkelhilfen ist auch bei Verwendung der Stimme darauf zu achten, dass das Pferd den treibenden Impuls sofort mit der richtigen Reaktion beantwortet. Reagiert das Pferd nicht auf den Schnalzer des Ausbilders, muss durch ein Einwirken mit der Gerte verdeutlicht werden, dass eine prompte Reaktion erwünscht ist.
Genau wie bei der Arbeit unter dem Sattel ist diese Schulung der Hilfen die Basis für eine feine Kommunikation. Lässt der Ausbilder zu, dass das Pferd auf den treibenden Impuls der Stimme nicht sofort reagiert, führt dies genau wie bei den Schenkelhilfen zu einem Abstumpfen des Pferdes. Das Pferd muss lernen, dass jede Anfrage des Menschen auch beantwortet werden muss. Auf keinen Fall darf der Ausbilder zu einer Dauerbeschallung übergehen und das immer weniger reagierende Pferd mit einer sich mehr und mehr wiederholenden Stimmhilfe auffordern. Die Stimmhilfe wird einmal eingesetzt, dann ist der Ausbilder wieder ruhig. Nur diese Vorgehensweise führt zu einer feinen Kommunikation mit dem Pferd.

Touchierhilfen

Wie im Kapitel zur Stimmhilfe erwähnt, ist die Gerte zu verwenden, wenn das Pferd nicht korrekt auf die stimmliche Anfrage des Ausbilders reagiert. Wie beim Reiten ist die Gerte vorsichtig einzusetzen. Der Ausbilder muss am Langen Zügel stets bedenken, dass er sich aufgrund seiner Führposition bei möglichen explosiven Reaktionen des Pferdes in einer verletzungsgefährlichen Lage befindet. Der erste Einsatz der Gerte am Langen Zügel sollte daher vorsichtig begonnen werden.
Alternativ zur Gerte kann auch die Zügelfaust des Ausbilders für einen treibenden Impuls eingesetzt werden. Diese Form des Treibens ist besonders bei den Seitengängen empfehlenswert. Hat der Ausbilder das Gefühl, dass das Pferd mehr vorwärts gehen muss, kann er an der Hinterhand des Pferdes einen treibenden »Knuffer« mit der Zügelfaust geben. Hierbei ist darauf zu achten, dass das Pferd auf keinen Fall geschoben wird. Ein Schieben mit den Händen ist oft bei Anfängern zu sehen. Wie bei der Schenkelhilfe erzeugt ein Dauerdruck einen sofortigen Gegendruck des Pferdes. Niemand kann ein Tier von mehreren Hundert Kilo Körpergewicht vorwärts drücken oder schieben. Dies funktioniert weder beim Reiten noch am Langen Zügel. Beim Einsatz des oben beschriebenen »Knuffers« sollte auf eine kurze, auffordernde Berührung geachtet werden.

Exkurs: Die klassische Arbeit an der Hand zur Vorbereitung oder Ergänzung

Die klassische Arbeit an der Hand eignet sich ganz besonders für Pferde, die nicht unter dem Sattel auf die Arbeit am Langen Zügel vorbereitet werden können. Bei dieser Form der Arbeit wird das Pferd ohne Reitergewicht gymnastiziert. Der Begriff »Bodenarbeit« grenzt sich wie folgt zur »Arbeit an der Hand« ab. Bei der »Bodenarbeit« geht es um die Schulung des Grundgehorsams am Boden wie zum Beispiel das Führen, das Parieren und das Wahren des korrekten Abstandes zur Führperson. Bei der »Arbeit an der Hand« steht die dressurmäßige, gewichtslose Arbeit des Pferdes im Fokus. In der Spanischen Hofreitschule umfasst die Arbeit an der Hand ausschließlich die Entwicklung der Piaffe und bei geeigneten Pferden die Schulsprünge. Im Folgenden wird der Begriff »Arbeit an der Hand« weiter gefasst und für die gesamte gewichtlose Gymnastizierung des Pferdes verwendet.

Die Arbeit an der Hand eignet sich hervorragend, um die Versammlungsfähigkeit des Pferdes zu verbessern. Das Pferd wird zunächst auf Trense gezäumt entlang der Bande im Schritt geführt und lernt so, sich vermehrt zu schließen. Der Ausbilder geht auf Höhe der Schulter und führt an beiden Zügeln. Bei Pferden, die Widerstände in Kiefer, Hals und Schulter haben, empfiehlt es sich vor Beginn der Arbeit an der Hand, die verspannten Muskelpartien zunächst über Abkauübungen zu mobilisieren. Gelingt das Führen im Schritt entlang der Bande im korrekten Rahmen und mit weicher Verbindung, sollten Seitengänge in das Repertoire aufgenommen werden. Seitengänge sind notwendig in der Ausbildung des Pferdes, um die natürliche Schiefe auszugleichen. Der Ausbilder sollte sich stets bewusst machen, dass er für eine korrekte Ausbildung seines Pferdes immer alle Seitengänge benötigt, also Schulterherein, Konterschulterherein, Travers und Renvers (siehe auch Exkurs: »Warum es ohne Seitengänge niemals fein und harmonisch wird«). Kleine Pferderassen oder Pferde, die nicht oder nicht mehr geritten werden können, benötigen die Arbeit an der Hand, um für die Arbeit am Langen Zügel vorbereitet zu werden. Gelingen die Übungen im Schritt, kann der Trab und – wenn gewünscht – auch der Galopp hinzugenommen werden.

Die klassische Arbeit an der Hand eignet sich ganz besonders für Pferde, die nicht unter dem Sattel auf die Arbeit am Langen Zügel vorbereitet werden können.

Abwenden von der Bande gelungen! Der Blick ist schön nach vorne gerichtet und das Pferd im fleißigen Vorwärts.

Der Beginn

In diesem Kapitel wird beschrieben, wie die ersten Schritte am Langen Zügel erfolgreich gelingen.

Der geeignete Ort

Am Langen Zügel sollte grundsätzlich in einer Reitbahn mit entsprechender Bande gearbeitet werden. Zum einen benötigen sowohl der vier- als auch der zweibeinige Neuling für die ersten Schritte die Bande als Unterstützung. Zum anderen soll das Pferd gymnastiziert werden. Diese Gymnastizierung ist in ihrer korrekten Ausführung ausschließlich in einem Viereck möglich, da hier die notwendigen Ecken vorhanden sind, um die entsprechenden Dressurlektionen richtig auszuführen. Der fortgeschrittene Ausbilder kann später auf die Bande verzichten.

Bahnregeln

Leider besteht heutzutage in vielen Reitbetrieben Unwissenheit darüber, wie in der Reitbahn mit einem an der Hand oder einem am Langen Zügel gearbeiteten Pferd umzugehen ist. Nach klassischen Bahnregeln hat die Arbeit an der Hand und die Arbeit am Langen Zügel immer Vorfahrt vor den Reitern. Diese alte Bahnregel wird so noch heute in der Spanischen Hofreitschule in Wien gelebt. Die Begründung für dieses Reglement liegt im Schutz der am Boden gehenden Ausbilder. Er ist im Vergleich zu den Reitern in einer verletzlicheren Lage. Aus diesem Grund wird immer Rücksicht genommen und die Reiter weichen aus.

Anführen im Schritt, eventuell mit Helfer

Für die Anfänge stellt sich der Ausbilder in der Grundposition neben das Pferd und nimmt die Zügel links und rechts in der breiten Führung auf. Das Pferd muss ruhig stehen bleiben. Wie immer in der Ausbildung von Pferden, ist jeder minimale Ansatz der korrekten Ausführung zu loben. Es ist zu beachten, dass es für das Pferd eine neue und möglicherweise auch aufregende Erfahrung sein kann, dass der Mensch nun so weit hinten neben der Kruppe steht und geht. Ideal ist es, wenn das Pferd von der Longierausbildung oder vom Reiten bereits ein Stimmkommando für das Angehen im Schritt kennt. Wie im Kapitel »Stimme« erwähnt, ist für die Gangarten Schritt und Trab der einfache Schnalzer empfehlenswert. Nach Einnehmen der Grundposition kann nun mithilfe des Stimmkommandos das Angehen im Schritt versucht werden. Mit vielen Pferden gelingt dies auf Anhieb. Bei besonders unsicheren Pferden kann es sinnvoll sein, für die ersten Schritte mit einem Helfer zu arbeiten. Dieser Helfer geht vorne am Kopf des Pferdes und führt es mit an, während der Ausbilder hinten das Kommando für das

Bei den ersten Schritten am Langen Zügel geht idealerweise ein Helfer am Kopf des Pferdes mit.

Antreten gibt. Jetzt geht es darum, dass das Pferd versteht, vorwegzulaufen und im Schritt zu bleiben. Für unsichere Pferde ist dieses Vorausgehen an erster Position häufig eine sehr aufregende Angelegenheit. Gelingt das Vorwärts, entfernt sich der Helfer mehr und mehr. Der hinten gehende Ausbilder muss nun üben, das Vorwärts und die Lenkung über die Zügel zu vermitteln. Stockt das Pferd, ist darauf zu achten, dass man selbst nicht auch ins Stocken gerät, sondern flüssig weitergeht. Als Merksatz für alle späteren Ausbildungsschritte gilt Folgendes:

Je fließender das Pferd vorwärts geht, desto besser gelingt die Linienführung.

Aus diesem Grund ist das sekundenschnelle Nachtreiben über Stimme und Gerte in diesem Ausbildungsschritt das A und O. Das Pferd muss wie bei der Ausbildung unter dem Sattel lernen, dass es stets taktmäßig und ruhig vorwärts zu gehen hat. Das bedeutet, dass es nicht stürmt und sich nicht verhält. Ein gleichmäßiger Bewegungsfluss ist der Schlüssel für eine erfolgreiche Arbeit am Langen Zügel.

Um Harmoniestörungen zu vermeiden, sollte schnellstmöglich in den Trab übergegangen werden. Andalusier Pardo im schönen versammelten Trab mit gutem Zug nach vorne.

Schnellstmöglich in den Trab!

Im Kapitel »Interieur des Pferdes« wurde bereits erwähnt, dass eine der großen Herausforderungen am Langen Zügel das mögliche Einrollen ist. Selbst Pferde, die sich nie unter dem Sattel einrollten und keinerlei Tendenzen hatten, hinter die Senkrechte zu kommen, können am Langen Zügel versuchen sich einzurollen. Mögliche Fehlerquellen sind in den fehlenden Gewichts- und Schenkelhilfen begründet. Je konstanter das Pferd nach vorne gearbeitet wird, desto geringer ist die Gefahr des Einrollens. Um diese Gefahr von Beginn an zu minimieren, geht der Ausbilder so schnell wie möglich in den Trab. Wie im Kapitel »Ausbildungsstand« erwähnt, muss das Pferd aus diesem Grund bereits in der Lage sein, versammelt zu traben. Sollte es trotzdem versuchen, zu tief zu kommen, korrigiert der Ausbilder diese Tendenzen umgehend mit zeitgleichen Aufwärtsparaden an beiden Zügeln. Die Hände werden hierzu für den kurzen Moment des Zügelimpulses angehoben und nach erfolgter Reaktion zurück in die Grundposition links und rechts des Schweifs gelegt. Zu diesem Zeitpunkt der Ausbildung am Langen Zügel ist es sehr

wichtig, dass das Pferd sofort lernt, das Genick als höchsten Punkt zu behalten. Ist es zu weit abgetaucht und tief eingerollt, ist eine Korrektur deutlich schwerer. Der Ausbilder hat bei diesem Ausbildungsstand konsequent darauf zu achten, dass geringe Ansätze des Abtauchens schnell korrigiert werden.
Eine weitere Herausforderung bei der Arbeit am Langen Zügel ist das Schulen der ausschließlichen »Lenkung« über die Zügel. Die harmonische Linienführung gelingt wesentlich einfacher im Trab, da das Mehr an Vorwärts eine bessere Kontrolle der Hinterhand ermöglicht. Probleme in der Linienführung ergeben sich analog zur Arbeit unter dem Sattel immer dann, wenn das Pferd beginnt, die Hinterhand zu versteifen und nicht mehr fließend nach vorne arbeitet. Durch den raschen Übergang zur Arbeit im Trab werden mögliche Harmoniestörungen bei der Arbeit am Langen Zügel im Vorfeld vermieden.

VIDEO

Die Gangart Trab sichert den gleichmäßigen Zug nach vorne.

Ganze Bahn

Als erste Übung wird das Pferd ganze Bahn entlang der Bande getrabt. Das Erzeugen eines gleichmäßigen Vorwärts ist das Ziel der Übung. Eilt das Pferd, muss der Ausbilder sofort an beiden Zügeln abparieren. Wird ein unerwünschtes Zulegen des Pferdes nicht zügig korrigiert, kommt der Ausbilder schnell aus der Balance und wird regelrecht hinter dem Pferd hergezogen. Es entsteht ein »Pflügen« statt einer Arbeit am Langen Zügel. Der Takt- und Tempogeber ist stets der Mensch. Wird das Pferd unerwünscht langsamer, muss sofort nachgetrieben werden. Eine der großen Herausforderungen für den Menschen ist zu Beginn das Bewahren des gleichmäßigen Kontakts zu beiden Maulwinkeln. Hier sollte immer an die im Kapitel »Zügelführung« beschriebene korrekte Handhaltung gedacht werden. Weitere Klippen sind die Blickrichtung und das richtige Gehen. Der Ausbilder muss in diesem Ausbildungsschritt selbst das stete Gehen in Form der »großen, weiten Schritte« üben, seinen Oberkörper hinten lassen, den Bauch nach vorne bringen und den Blick schweifen lassen. Bei der Übung »Ganze Bahn« sucht sich der Mensch immer einen Zielpunkt am Ende der jeweiligen langen beziehungsweise kurzen Seite, auf den er konsequent zuläuft. Zu diesem Zeitpunkt versuchen die Pferde üblicherweise auch mal nach innen abzubiegen. Hier ist dem vierbeinigen Schüler zu vermitteln, dass die Zügel wie zwei Leitplanken links und rechts des Körpers zu verstehen sind und auch die jeweilige Richtung vorgeben. Will das Pferd unerwünscht nach innen abbiegen, muss dieser Tendenz durch regelrechtes Lenken mit den Zügeln entgegengewirkt werden. Zu Beginn ist es normal, dass die Einwirkungen am Zügel sichtbarer ausfallen. Dies bedeutet, dass eine Einwirkung am linken Zügel die Vorgabe für diese Richtung ist und ein Signal am rechten Zügel das Abwenden zu dieser Seite bedeutet. Dem Pferd ist in dieser Phase der Ausbildung am Langen Zügel regelrecht die »Lenkung« zu verdeutlichen, fehlen doch komplett Gewichts- und Schenkelhilfen. Die lenkende Einwirkung

Entlang der Bande mit nach vorne gerichtetem Blick des Ausbilders. Die Zügelfäuste dürfen zu Beginn kurzzeitig zur Verdeutlichung der lenkenden Einwirkung aus der Grundposition genommen werden. Die Zügelfäuste sind nach erfolgter Korrektur stets wieder links und rechts vom Schweif zu positionieren.

auf den Zügel wird mit fortschreitender Ausbildung immer feiner und immer weniger sichtbar. Neben dem »Lenken« an den Zügeln muss immer darauf geachtet werden, dass der Vorwärtsfluss erhalten bleibt. Wird dies vergessen, kommt es zu sofortigen Harmoniestörungen. Bei ausschließlicher Einwirkung an den Zügeln entsteht eine von vorne nach hinten wirkende Hilfengebung. Dies ist in der klassischen Dressur fehlerhaft und unerwünscht. Für die »Lenkmanöver« darf der Ausbilder anfangs auch seine Hände kurz aus der Position an der Kruppe nehmen und während der Korrekturen breiter führen. Nach erfolgter Korrektur der Richtung werden die Zügelfäuste umgehend wieder an die richtige Stelle links und rechts vom Schweif gelegt.

Handwechsel

Gelingt auf beiden Händen das Traben entlang der Bande, kann der erste Handwechsel versucht werden. Idealerweise wird dieser mit der Bahnfigur »Durch die ganze Bahn wechseln« begonnen. Für das Gelingen der Handwechsel ist wieder der vorwärts in Richtung Ziel gerichtete Blick des Ausbilders das Mittel zum Erfolg. Bereits vor der zweiten Ecke der kurzen Seite muss der Ausbilder seinen Blick in Richtung Ende der Diagonalen schicken. Ein weiterer Garant für ein problemloses Abwenden ist der Erhalt des konstanten Bewegungsflusses. Das Abwenden auf die Diagonale erfordert vom Pferd ein vermehrtes Beugen des inneren Hinterbeins. Um dieser zusätzlichen Kraftanstrengung zu entgehen, versuchen einige Pferde das Abwenden zu vermeiden und kleben regelrecht an der Bande. Auch in diesen Situationen sind die Lösung die lenkenden, flinken Impulse an beiden Zügeln, in Kombination mit dem Erhalt des Vorwärts. Ist das Abwenden gelungen, gilt es jetzt an der Bande der gegenüberliegenden Seite anzukommen. Zu diesem Zeitpunkt ist es normal, wenn die Linien noch nicht gerade aussehen, sondern eher die Form von Schlangenlinien haben. Das Pferd befindet sich jetzt im freien Raum und die helfende Führung der Bande fehlt. Es geht jetzt darum zu verdeutlichen, dass die Zügel links und rechts am Körper für die Linienführung maßgeblich sind. Versucht das Pferd von der Diagonalen abzuweichen, hat der Ausbilder zunächst wieder das Vorwärts zu erhalten (Garant für die funktionierende Lenkung) und gibt dann mit den Zügeln lenkende Impulse. Wie immer ist darauf zu achten, dass nicht nur an den Zügeln eingewirkt wird. Der konstante Bewegungsflusses ist das A und O für den Erhalt der Harmonie. Ist das Ende der Diagonalen erreicht, muss der Ausbilder die Seite wechseln. Dazu macht er hinter dem Pferd einen großen Schritt in Richtung der neuen inneren Seite. Wichtig ist dabei, sich bewusst zu machen, dass ausreichend Zeit für diesen seitlichen Schritt zur Verfügung steht. Bei Neulingen am Langen Zügel sind in diesem Moment oft eilige Hechtsprünge auf die neue Seite zu sehen. Zum einen kann jede hektische Bewegung das Pferd erschrecken und zum Ausschlagen bringen. Zum anderen führen diese zu schnellen Bewegungen in der Regel zu Harmoniestörungen in der Zügelführung.

VIDEO

Der Handwechsel am Langen Zügel

Aus Sicherheitsgründen kann es sinnvoll sein, den seitlichen Schritt hinter dem Pferd zuerst im Stand auszuführen. Der Ausbilder sollte das Pferd vor dem Schritt kurz ansprechen, um sich die Aufmerksamkeit zu sichern. Grundsätzlich sollte bedacht werden, dass Pferde in diesem Bereich einen toten Winkel haben und den die Seite wechselnden Ausbilder teilweise nicht sehen können. Es ist damit zu rechnen, dass die Pferde beim Seitenwechsel des Ausbilders erschrecken können. Je nach Pferd kann es notwendig sein, den Handwechsel in kleinere Lernschritte zu zerlegen. Bereitet schon das Abwenden von der Bande Probleme, hilft es nach dem erfolgreichen Abwenden zu pausieren und das Pferd überschwänglich zu loben. Genauso ist mit der Aufteilung der weiteren Linienführung vorzugehen. Bei talentierten Kandidaten ist es durchaus möglich, dass ein kompletter Handwechsel sofort gelingt. Bei allen anderen sind die Lernschritte so zu wählen, dass das Pferd Erfolgsmomente hat und die neue Aufgabe mit Freude bewältigt.

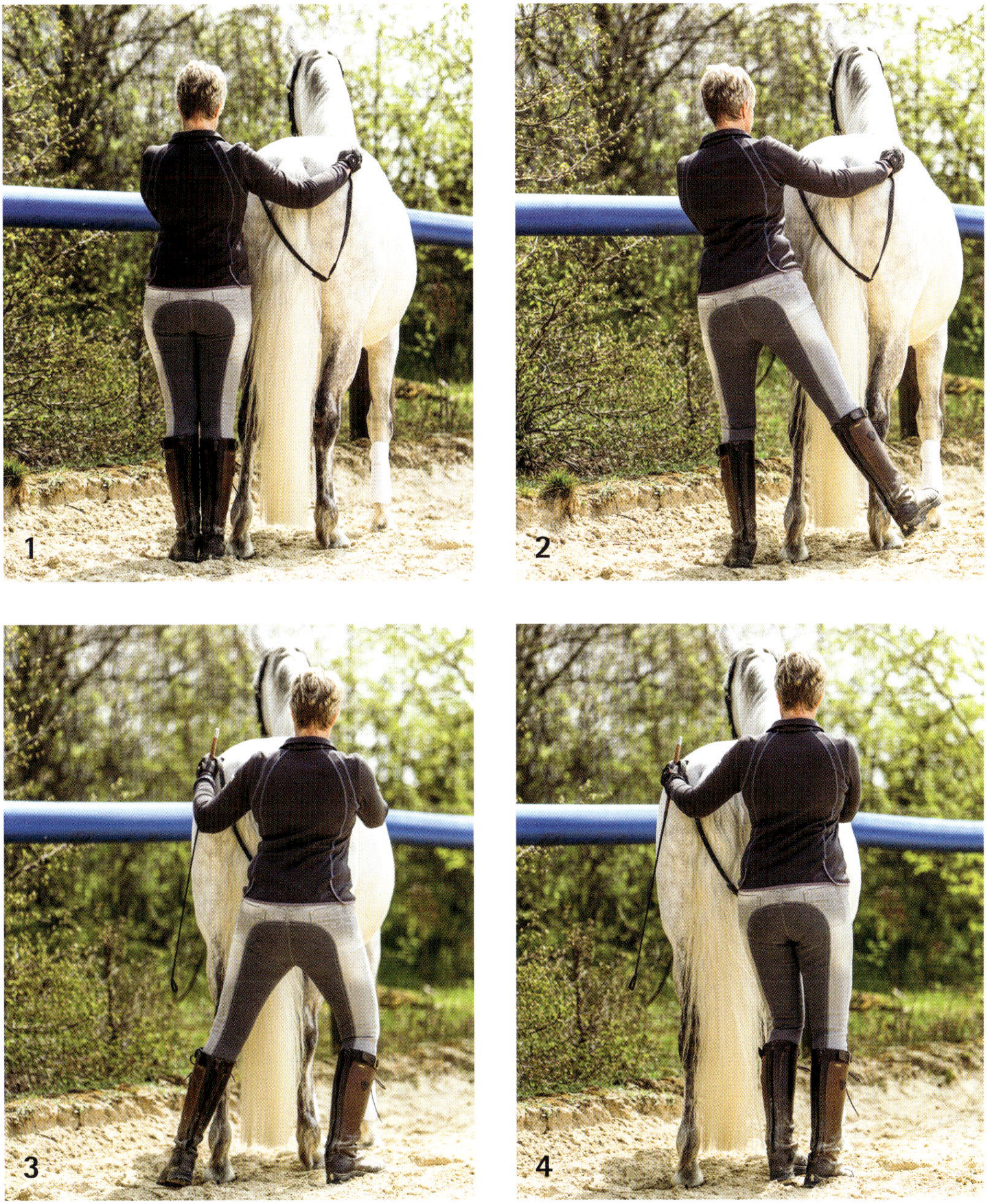

Kurz vor Erreichen der neuen Hand wechselt der Ausbilder auf die andere Seite der Kruppe. Die Schrittfolge wurde im Stand simuliert. Auch in höheren Gangarten besteht ausreichend Zeit, den großen Schritt zur Seite in Ruhe auszuführen.

Ein wichtiger Prüfstein für die korrekte Hilfengebung ist das Führen auf dem zweiten Hufschlag.

Zweiter Hufschlag

Eine weitere wichtige Basisübung ist das Abwenden auf den zweiten Hufschlag. Ziel der Grundausbildung am Langen Zügel ist es, das Pferd ohne jegliche Unterstützung der Bande auf allen Linien dirigieren zu können. Zu diesem Zeitpunkt ist es nicht ungewöhnlich, dass der vierbeinige Schüler noch verwirrt ist und erst die ausschließliche Führung über die beiden Zügel verinnerlichen muss. Einige Pferde versuchen auch zu schauen, ob diese auf die Zügel reduzierte Führung wirklich maßgeblich ist und bekommen eigene Ideen bezüglich der Wahl der einzuschlagenden Richtung. Das Wenden auf den zweiten Hufschlag ist in der Regel deutlich herausfordernder als der Handwechsel über die diagonale Wechsellinie. Die Pferde versuchen bei dieser Übung gerne wieder an die optisch unterstützende Bande zu drängen. Es ist ideal, das Abwenden auf den zweiten Hufschlag kurz nach der Mitte der kurzen Seite einzuleiten. Körpersprachlich wird der Blick, bereits zwei Meter bevor auf den zweiten Hufschlag gewendet werden soll, an das Ende der zu erreichenden gegenüberliegenden kurzen Seite geschickt. Mit zielgerichtetem Blick und konsequentem Erhalt des Vorwärts wird entlang des zweiten Hufschlags auf die gegenüberliegende kurze Seite zugesteuert. Versucht das Pferd, wie oben angedeutet, seitwärts in Richtung Bande der langen Seite zu drängeln, muss vorwärts getrieben und mit beiden Zügeln helfend eingegriffen werden. Auch hier ist es anfangs nicht ungewöhnlich, dass die Linienführung noch nicht perfekt ist. Ziel der Übung ist es, das Pferd abseits der Bande in ungefährer Richtung des zweiten Hufschlags zu halten. Je besser es verstanden hat, dass die beiden Zügel gleich einem führenden Rahmen zu verstehen sind, umso präziser werden später die gewünschten Linien. Gelingt das Führen auf dem zweiten Hufschlag, kann auch die Bahnfigur »Durch die Länge der Bahn« in das Repertoire aufgenommen werden. Hier sollte die Linie mit und ohne Handwechsel geübt werden.

Zirkel

Der Zirkel am Langen Zügel ist besonders herausfordernd. An der offenen Zirkelseite fehlt wiederum die helfende Bande und das Pferd muss konsequent auf einer gebogenen und somit anstrengenden Linie geführt werden.

Gelingt das Führen auf dem zweiten Hufschlag kann auch auf die Mittellinie abgewendet werden.

Durch die gebogene Linie arbeitet das innere Hinterbein konstant, muss sich mehr beugen und wird damit mehr in die tragende Arbeit genommen. Für einige Pferde kann diese Anstrengung Anlass sein, eigene Ideen zur Linienführung vorzuschlagen. Wie in der gerittenen Dressuraufgabe beginnt der Zirkel an der Mitte der kurzen Seite. Herausfordernd am Langen Zügel ist das Führen in Richtung offener Seite. Genau wie beim Reiten muss der Ausbilder seinen Blick jeweils an den nächsten zu erreichenden Zirkelpunkt schicken. Über diese Arbeit mit dem eigenen Blick in Kombination mit dem konstanten, gleichmäßigen Vorwärts gelingt die Führung eines runden Zirkels.

Tempounterschiede

Die biomechanisch korrekte Arbeit am Langen Zügel resultiert, analog zur Arbeit unter dem Sattel, in einer konstanten, feinen Anlehnung an beiden Zügeln. Diese Anlehnung ergibt sich durch die nach vorne geschickte Bewegungsenergie der Hinterhand und des schwingenden Pferderückens. Ein fein ausgebildetes Pferd lässt sich am Langen Zügel mit leichten Hilfen dirigieren. Es liegt weder schwer auf der Hand, noch verkriecht es sich hinter den Zügel. Auch am Langen Zügel muss der Ausbilder in der Lage sein, mit dem Tempo zu spielen. Tempounterschiede am Langen Zügel werden in der Regel ausschließlich im Trab abgefragt. Im Galopp hat der Ausbilder keine Möglichkeit, das Pferd störungsfrei bei Tempounterschieden zu begleiten. Ein gut am Langen Zügel ausgebildetes Pferd ist in der Lage, zwischen versammeltem und Arbeitstrab zu variieren. Auch der Mitteltrab entfällt aufgrund der fehlenden Begleitmöglichkeiten durch den Ausbilder. Beim Zulegen darf der Ausbilder nun seine Gehtechnik mit den großen, weiten Schritten aufgeben und selbst mitjoggen. Das Zulegen ist vorsichtig zu beginnen und bei richtiger Reaktion des Pferdes durch Stimmlob zu bestätigen. Idealerweise wird das Zulegen an den langen Seiten geübt. Beim Zurücknehmen in den versammelten Trab ist es von besonderer Wichtigkeit, dass der Ausbilder mit sehr feiner Hand in das ruhigere Tempo zurückführt. Die Paraden sollten fein und harmonisch gelingen. Das Pferd darf bei dieser Übung niemals hektisch werden.

Das Zulegen im Trab ist immer das Mittel der Wahl, wenn das Pferd noch nicht in korrekter Anlehnung geht. Unter nicht korrekter Anlehnung ist zu verstehen, dass das Pferd noch nicht konstant an beide Zügel herantritt.

In den Pausen geht der Ausbilder grundsätzlich nach vorne an den Kopf des Pferdes und gibt in dieser Position den Zügel hin.

Diese fehlerhafte Verbindung zwischen Ausbilderhand und Pferdemaul ist stets in der nicht richtig arbeitenden Hinterhand, dem fehlenden Zug nach vorne und der daraus resultierenden fehlenden Rückentätigkeit begründet. Solange die Anlehnung nicht korrekt ist, sollte mit Tempounterschieden gearbeitet werden. Später kann das Zulegen auch an den kurzen Seiten angewendet werden, wenn minimale Korrekturen im Vorwärts beziehungsweise der Zügelverbindung notwendig sind.

Pausen am Langen Zügel

Regelmäßige Pausen sind auch bei der Arbeit am Langen Zügel ein wichtiger Aspekt im Training, um die Muskulatur vor Übersäuerung zu schützen und dem Pferd auch mental eine Belohnung zukommen zu lassen. Bei der Arbeit am Langen Zügel gibt es eine Besonderheit zu berücksichtigen: Anders als bei der Arbeit unter dem Sattel wird dem Pferd auf keinen Fall angeboten, sich zu dehnen. Dies hat einen erzieherischen Grund. Das Pferd soll lernen, dass es sich an den Zügel stellen soll, sobald der Ausbilder die Zügel aufnimmt. Wie bereits erwähnt, ist das Vermeiden der Einrolltendenz eine der großen Herausforderungen bei dieser Arbeit. Lässt man das Dehnen am Langen Zügel zu, verstärkt man den Impuls des sich nach unten Entziehens. Möglicherweise entstehen auch unschöne Bilder, weil das Pferd die Dehnungshaltung regelrecht einfordern möchte. Um die Möglichkeit solcher Harmoniestörungen bereits im Vorfeld zu vermeiden, ist es sinnvoll dem Pferd zu vermitteln, dass der hinten gehende Ausbilder immer mit dem aufgenommenen Zügel und der versammelnden Arbeit verbunden ist. Sollen Pausen eingelegt werden, geht der Ausbilder nach vorne und nimmt die Zügel über den Hals. Er geht dann vorne am Kopf und lässt sein Pferd mit langem Hals im Schritt entspannen.

Korrekte Versammlung ergibt sich aus dem Vorwärts. Der 8-jährige Pluto Troja im versammelten Galopp.

Exkurs: Langsam ist nicht automatisch versammelt

Versammlung ergibt sich aus dem Vorwärts. Was ist darunter biomechanisch zu verstehen? Häufig sieht man, dass langsames Reiten mit Versammlung verwechselt wird. Zum Einstieg in diesen Exkurs soll ein Zitat von Waldemar Seunig betrachtet werden:

»Zur richtigen Versammlung ist es notwendig, daß der Rücken eine stärkere Dehnung erfährt. Diese erhöhte elastische Spannung entsteht dadurch, daß einerseits, wie schon bei der Aufrichtung erklärt, die Kruppen- und

Gesäßmuskeln der gebeugten Hinterhand einen stärkeren Zug nach rückwärts-abwärts auf die mit ihnen in Verbindung stehenden Rückenmuskeln ausüben, andererseits infolge Streckens von Hals und Kopf nach vorwärts-aufwärts mittels des Nackenbandes ein Zug auf die Rückenmuskeln in entgegengesetzter Richtung stattfindet. Diese elastische Spannung, die durch den schwungvollen energischen Gang erhalten wird und die nichts mit krampfhaftem Festhalten (s. Rückentätigkeit) zu tun hat, ermöglicht dann eine hebelartige Wirkung des aufgerichteten Halses und Kopfes auf die Hinterhand, deren Schubkraft je nach dem Maße und der Richtung, in welcher der Reiter den Schwung heraus- und wirksam werden läßt, aus einer vorwärtsschiebenden in eine tragende Kraft verwandelt wird.«[7]

In diesem Zitat gibt es zwei entscheidende Hinweise, welche relevant für das Erarbeiten der korrekten Versammlung sind. Zum einen erwähnt Seunig, dass die elastische Spannung in der Versammlung durch den schwungvollen, energischen Gang erhalten wird. Zum anderen erwähnt er den Reiter, der die der Hinterhand innewohnende Schubkraft in verschiedene Bahnen lenken kann. Er kann entweder in Richtung Verstärkung der Gangart oder in Form der Versammlung (Tragkraft) arbeiten.
Ganz entscheidend an diesem Zitat ist die Erkenntnis, dass die Schubkraft der Hinterhand notwendig ist, um später die für die Versammlung notwendige Tragkraft zu entwickeln. Häufig sieht man Reiter, welche sich für die klassische Dressur begeistern, jedoch langsames und schlurfendes Reiten mit Versammlung verwechseln. Der von Seunig erwähnte positive Spannungsbogen ist ein ganz entscheidendes Erkennungsmerkmal der korrekten Versammlung. **Vor der Versammlung kommt in der Ausbildung des Pferdes die Schulung des Vorwärts.** In der Remontenschule lernt das junge Pferd sich im frischen Vorwärts auf großen Linien in korrekter Haltung zu bewegen. Korrekte Haltung bedeutet hier, dass sich die Anlehnung an beide Zügel durch ein Fallenlassen des Halses aufgrund des fein schwingenden Rückens ergibt. Vorwärts heißt allerdings nicht, dass der Reiter sein Pferd sinnlos vorwärts hetzt. In diesen Fällen wird das so wertvolle Zitat von Gustav Steinbrecht »Reite dein Pferd vorwärts und richte es gerade« oft fehlinterpretiert.[8] Unter dem richtigen Vorwärts ist niemals ein Davoneilen zu verstehen. Der Reiter sollte immer in der Lage sein, das von ihm gewünschte Tempo abzufragen und mit feinen Hilfen zu dirigieren. Dies ist ein Reitgefühl, bei dem das Pferd willig in allen Situationen zulegt und sich auch mit leisen Hilfen wieder in ein ruhigeres Tempo zurückführen lässt. Wird nur untertourig gearbeitet, was oft in den oben erwähnten Reiterkreisen mit dem falschen Verständnis von korrekter Versammlung zu sehen ist, lassen sich die Pferde in der Regel nicht mehr zu einem frischeren Tempo auffordern. Dies ist für den Reiter stets der Hinweis, dass die von Seunig erwähnte, so wichtige elastische Spannung fehlt.
Das Spielen mit den Tempi erfordert vom Pferd eine aktiv arbeitende Hinterhand, welche je nach Wunsch des Reiters vermehrt schiebt oder stärker trägt. Seunig schreibt ebenfalls über den vermehrt dehnfähigen Rücken des in Versamm-

[7] Seunig, Waldmar. Von der Koppel bis zur Kapriole, S. 135.

[8] Steinbrecht, Gustav. Das Gymnasium des Pferdes, S. 77.

lung gerittenen Pferdes. Die Erarbeitung dieser Dehnfähigkeit und die Schulung der Kräfte der Hinterhand des Pferdes erfordern Zeit. Die aktiv und sprudelnd arbeitende Hinterhand wird durch ein Jahre dauerndes Krafttraining geschult und nicht durch vorzeitiges Verkürzen der Gänge erreicht. Ein korrekt versammeltes Pferd fühlt sich immer positiv vibrierend und ohne jegliche Aufregung an. Schlappe, untertourige Bewegungen, ohne die positive Vorwärtsenergie, haben mit korrekter Versammlung nichts zu tun.

Mögliche Probleme

In diesem Kapitel werden mögliche Probleme dargestellt, die bei der Arbeit am Langen Zügel entstehen können, und die Lösungswege erläutert.

Pferd lässt sich nicht lenken

Während der Anfänge am Langen Zügel ist es nicht ungewöhnlich, dass der an der Tete schreitende vierbeinige Schüler sich fragt, ob er auch einmal selbst die Richtung vorgeben darf. Die Lösung bei Schwierigkeiten in der Linienführung liegt in zwei Aspekten. Wie im Kapitel »Schnellstmöglich in den Trab!« beschrieben, ist einerseits das richtige Maß an Vorwärts entscheidend für das Gelingen schöner Linien. Lässt sich das Pferd nicht lenken, sollte der Ausbilder sofort einen treibenden Impuls mit Stimme und/oder Gerte geben. Andererseits ist die Schnelligkeit des Ausbilders bei der Korrektur der Linie mithilfe der Zügel maßgeblich. Geringe Ansätze von fehlender Reaktion auf die gewünschte Linie müssen sofort durch Gegenlenken mit den Zügeln korrigiert werden. Bei den Korrekturen der Richtung mithilfe der Zügel ist darauf zu achten, dass die Einwirkung nur impulsartig vorgenommen wird. Ein Ziehen am Zügel würde das so wichtige Vorwärts stören und verständliche Abwehrreaktionen des Pferdes hervorrufen.

Die Zügel liegen wie zwei Leitplanken links und rechts am Pferd.

Gerät das Pferd über Tempo, ist es durch Paraden an beiden Zügeln abzufangen. Der Ausbilder gerät bei dem eilenden Pferd zu weit nach hinten.

Pferd ist zu schnell

Ein eilendes Pferd am Langen Zügel kann verschiedene Ursachen haben. Möglicherweise eilt es davon, weil es den notwendigen Versammlungsgrad für die Arbeit am Langen Zügel noch nicht hat (siehe Kapitel »Ausbildungsstand des Pferdes«). Sollte dies der Fall sein, ist erst die Basisarbeit zu erledigen, bevor mit der Arbeit am Langen Zügel fortgefahren wird. Ist das Pferd in der Lage, bereits versammelt zu traben und wird es dennoch zu eilig am Langen Zügel, muss der Ausbilder konsequent daran arbeiten, einen gleichmäßigen Bewegungsfluss zu erzeugen. Dies bedeutet, dass kleine Ansätze von einem »Über-Tempo-Kommen« umgehend durch gleichseitige Paraden an beiden Zügeln zu korrigieren sind. Besonders Pferde mit viel Temperament können im Eifer der Arbeit diese Tendenzen zeigen. Hier ist die Konzentration des Ausbilders gefragt, der sich konsequent auf das Erzeugen eines gleichmäßigen Tempos fokussieren muss. Reagiert das Pferd korrekt auf die Parade, wird es sofort mit einem Stimmlob bestätigt.

Ausbilder überholt das Pferd

Wie im Kapitel »Führposition & Sicherheit« beschrieben, sollte der Ausbilder die Grundposition seitlich neben der Kruppe stets einhalten. Überholt er sein Pferd und findet sich plötzlich vor dieser Grundposition wieder, ist dies ein untrügliches Zeichen dafür, dass das Pferd nicht mit ausreichendem Zug nach vorne gearbeitet wurde. Als Korrektur ist das Pferd sofort mit Stimme und bedarfsweise mit Gerte vorwärts zu treiben. Auch in diesen Fällen ist das Pferd prompt für die richtige Reaktion auf die treibende Hilfe mit der lobenden Stimme zu bestätigen. Der Ausbilder hat bei dieser Thematik jeden minimalen Ansatz von fehlendem Vorwärts in Sekundenschnelle zu korrigieren. Zu Beginn ist es durchaus möglich, dass das Pferd alle paar Meter erinnert werden muss, dass es konstant voranzugehen hat. Für den Ausbilder ist der Orientierungspunkt seine einzuhaltende Grundposition. Es sollte gar nicht passieren, dass er sich plötzlich auf Höhe der Sattellage wiederfindet. Je feiner und penibler man jeden Zentimeter korrigiert, den das Pferd versucht sich nach hinten fallen zu lassen, desto schneller hat es verstanden, dass ein gleichmäßiger Zug nach vorne gewünscht ist.

Ausbilder schiebt das Pferd

Der das Pferd schiebende Ausbilder hat es ebenfalls mit einem Pferd zu tun, welches keinen ausreichenden Zug nach vorne hat. Anders als im vorherigen Kapitel beschrieben, überholt er zwar nicht sein Pferd und bleibt in der Grundposition neben der Kruppe, die fehlende Vorwärtstendenz versucht er jedoch fälschlicherweise mit schiebenden Fäusten zu korrigieren. Niemand kann ein Pferd vorwärts schieben! Dies ist selbst bei einem Shetland-Pony nicht möglich. Ein Pferd darf niemals spüren, dass es stärker als der Mensch ist. Dies ist ein Grundprinzip für einen feinen und harmonischen Umgang mit diesen großen Lebewesen. Aus diesem Grunde lernt es schon in der Grunderziehung am Boden auf impulsartige Einwirkungen zu reagieren. Man nehme das Beispiel eines Pferdes, welches am Putzplatz dem Menschen mit der Kruppe ausweichen soll. Viele Reiter versuchen auch in

1

2

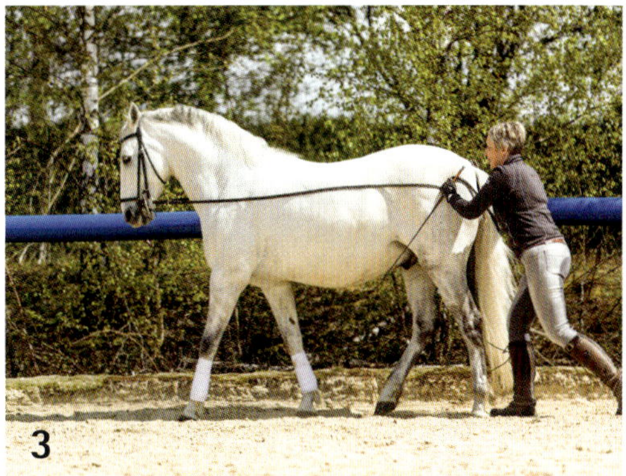
3

Niemand kann ein Pferd vorwärts schieben! In dieser Fotofolge ist deutlich sichtbar, wie Pluto Troja immer mehr das Vorwärts verliert, da Andrea ihn schiebt. Seine Mimik zeigt deutlich, dass Druck Gegendruck erzeugt und er das ungewohnte Schieben als sehr unangenehm empfindet.

dieser Situation, das Pferd zur Seite zu schieben. Aus solchen Erlebnissen lernt es sehr schnell, dass der Mensch viel zu schwach ist um es zu bewegen und reagiert auf den dauerhaften Druck mit Gegendruck. Diese Form der Reaktion basiert auf dem Prinzip von »Actio und Reactio«, welches Isaac Newton in seinen Gesetzen beschrieben hat. Es besagt, dass bei der Wechselwirkung zwischen zwei Körpern jede Aktion (Kraft von Körper A auf B) gleichzeitig eine gleich große Reaktion (Gegenkraft von Körper B auf A) erzeugt, die auf den Verursacher der Aktion zurückwirkt.[9] In der Pferdewelt ist dieses Prinzip unter dem Satz »Druck erzeugt Gegendruck« bekannt. Um diese Form der Reaktion und Lernerfahrung des Pferdes zu vermeiden, muss der Ausbilder bei allen Einwirkungen darauf achten, dass er stets impulsartig einwirkt. Dies gilt beim Reiten zum Beispiel für die Einwirkung mit dem Schenkel, der niemals dauerhaft quetschend einwirken darf, oder für den Zügel, an dem niemals gezogen werden sollte. Im Beispiel des oben genannten Pferdes, welches am Putzplatz weichen soll, fordert der Ausbilder es nur in kurzen Impulsen stupsend mit dem Finger oder kurz klopfend mit der Hand auf, mit der Kruppe zu weichen. Reagiert das Pferd und geht die gewünschten Schritte, wird gelobt. Das am Langen Zügel nicht ausreichend vorwärts gehende Pferd wird mit Stimmkommando, kurzen Stupsern mit der Zügelfaust oder mit der Gerte vorwärts geschickt und bei richtiger Reaktion mit der Stimme gelobt.

Hände rutschen nach vorne

Ein häufig zu sehender Fehler sind Zügelfäuste, die von der Grundposition links und rechts neben dem Schweif nach vorne in Richtung Sattellage des Pferdes wandern. In der Regel geht dieser Fehler in der Zügelführung auch einher mit durchhängenden Zügeln, durchgestreckten Ellenbogen und einem nach vorne geneigten Oberkörper. Zur Korrektur muss sich der Ausbilder darauf konzentrieren, seine Zügelfäuste in stetem Kontakt zum Pferd zu belassen und sie regelrecht gedanklich links und rechts vom Schweif anzukleben. Die Ellenbogen bleiben genauso wie beim Reiten gewinkelt neben dem Oberkörper ohne dabei angequetscht zu werden. Der nach vorne geneigte Oberkörper hat in der Regel seine Ursache in den fehlenden großen, weiten Schritten des Ausbilders. Die im Kapitel »Körpersprache« beschriebene richtige Gehtechnik in Verbindung mit einem zurückgenommenen Oberkörper und einem nach vorne gebrachten Bauchnabel erleichtert automatisch die korrekte Positionierung der Zügelfäuste.

Nach vorne rutschende Hände gehen oft einher mit einem nach vorne geneigten Oberkörper des Ausbilders.

Zügel hängen durch

Durchhängende Zügel können in zwei Ursachen begründet sein: Zum einen kann der fehlende

[9] https://de.wikipedia.org/wiki/Actio_und_Reactio

Zug nach vorne ein Grund für die fehlende Anlehnung sein. Hier ist, wie im Kapitel »Der Beginn« beschrieben, die Schulung des korrekten Vorwärts der Schlüssel zur Lösung des Problems. Häufig ist jedoch auch zu sehen, dass der Ausbilder bei seinen Anfängen am Langen Zügel selbst zu wenig Fokus auf die korrekte Verbindung zum Pferdemaul legt. In diesen Fällen hängen entweder beide Zügel durch oder nur ein Zügel wird ausreichend in Kontakt gebracht. Besteht dieses Problem, sollte zuerst überprüft werden, ob die Zügelfaust richtig getragen wird. Die im Kapitel »Zügelführung« beschriebene Zügelfaust ist zu verinnerlichen. Hängt der Zügel beidseitig durch, ist in der Regel die Faust offen, da die Finger nicht sanft und geschmeidig geschlossen sind. Jeder Ausbilder hat – genau wie sein Pferd – eine »gute« Körperhälfte und eine, auf der die Umsetzung schwerer fällt. Bei den Rechtshändern ist oft die rechte Zügelfaust korrekt geschlossen, aber möglicherweise zu fest. Die schwache linke Hand hat häufig ein Eigenleben und ist offen. Zur Behebung dieses Problems sollte der Ausbilder sich darauf konzentrieren, seinem Pferd eine konstante Anlehnung zu bieten. Dazu ist es wichtig, dass er sich gedanklich auf den gleichmäßigen Kontakt an beiden Trensenringen fokussiert und nicht von diesem inneren Bild abschweift. Es ist außerdem zu kontrollieren, ob beide Zügelfäuste nebeneinander sind. Vielen Einsteigern am Langen Zügel rutscht eine Zügelfaust weiter nach vorne. In diesen Fällen hilft es, beide Zügelfäuste in Kontakt zum Pferd zu belassen und die Position links und rechts vom Schweif nicht zu verlieren.

Durchhängende Zügel haben häufig ihre Ursache in nicht ausreichendem Vorwärts.

Ein zu tief kommendes Genick ist nicht ungewöhnlich zu Beginn der Ausbildung.

Die Korrektur der Genickposition besteht im Erhalt des Vorwärts und einer Aufwärtsparade an beiden Zügeln.

Pferd rollt sich ein

Wie im Kapitel »Schnellstmöglich in den Trab!« beschrieben, ist die Gefahr des Einrollens eine der großen Herausforderungen am Langen Zügel. Das Einrollen kann im fehlenden Vorwärts begründet sein. Der Ausbilder muss bei seiner Arbeit immer darauf achten, dass der Zug Richtung Vorwärts erhalten bleibt. Im Kapitel »Interieur des Pferdes« wurde dargestellt, dass Pferde mit wenig Temperament für die Arbeit am Langen Zügel nicht geeignet sind. Bei mangelndem Gehwillen ist die Korrektur des Vorwärts sehr schwierig. Diese Pferde werden in den meisten Fällen auch eine Einrolltendenz zeigen. Sie sind entweder grundsätzlich nicht geeignet für die Arbeit am Langen Zügel oder müssen zuerst unter dem Sattel beziehungsweise durch Arbeit an der Longe entsprechend geschult werden.

Jedoch können auch vom Interieur perfekt geeignete Pferde im richtigen Vorwärts das Einrollen versuchen. Wie bereits zuvor erwähnt, zeigen dies auch Pferde, die in der übrigen Arbeit niemals Ansätze zum Einrollen zeigen. In diesen Fällen ist das Abtauchen als eine Form des Entziehens zu werten. Der vierbeinige Schüler testet hier, ob er sich der korrekten und natürlich auch anstrengenden Arbeit entziehen kann. Die Lösung dieses Problems liegt in diesen Fällen in zwei Ansätzen: Auf der einen Seite muss sich der Ausbilder darauf konzentrieren, dass er selbst eine stete Verbindung zu beiden Maulwinkeln hält und das Genick des Pferdes penibel am höchsten Punkt positioniert. Auf der anderen Seite muss das Abtauchen sofort durch Aufwärtsparaden korrigiert werden (siehe hier auch Kapitel »Schnellstmöglich in den Trab!«).

Pferd bricht beim Handwechsel über die Schulter aus und lässt sich nicht abwenden

Ein zu Beginn oft auftretendes Problem ist das an der Bande klebende Pferd. Der Ausbilder möchte abwenden und das Pferd bricht über die Schulter aus. Es »pflügt« in diesen Fällen regelrecht am Hufschlag entlang. Im ersten Schritt muss der Ausbilder prüfen, ob seine körpersprachlichen Signale im Moment des Abwendens richtig waren. Der nach vorne geschickte Blick mit fester Fokussierung auf das zu erreichende Ziel am Ende der jeweiligen Linie ist entscheidend für den Erfolg. Außerdem muss der Ausbilder auch im Moment des Abwendens weiterhin gleichmäßig seine große, weite Gehtechnik beibehalten. Neben den beschriebenen möglichen körpersprachlichen Ursachen sind Probleme beim Abwenden häufig auf das fehlende Vorwärts zurückzuführen. Der Moment des Wendens ist für das Pferd eine zusätzliche gymnastische Herausforderung, da das innere Hinterbein mehr Last aufnehmen muss. Um dieser Schwierigkeit zu entkommen, versuchen viele Pferde mit dem inneren Hinterbein kürzer zu treten. Statt zu tragen und die Hanken vermehrt zu beugen, versteifen sie das jeweilige Hinterbein und fußen nicht mehr unter. Grundsätzlich kann man sich merken, dass in allen Fällen von »Lenkproblemen« das Nachtreiben des inneren Hinterbeins der Schlüssel zum Erfolg ist. Bei dem über die Schulter ausbrechenden Pferd muss beim Erreichen der zweiten Ecke der kurzen Seite bereits ein kurzer treibender Impuls mit der Gerte am inneren Hinterbein gegeben werden. Bei vielen Pferden ist die Harmoniestörung im Moment des Abwendens hiermit schon behoben. Versucht das Pferd trotzdem noch über die Schulter auszubrechen, muss, wie im Kapitel »Handwechsel« beschrieben, impulsartig mit den Zügeln korrigiert und deutlich die gewünschte Richtung vorgegeben werden.

Abwenden funktioniert, aber das Pferd bricht auf der Diagonalen aus

Bei einigen Pferden funktioniert das Abwenden wunderbar. Die Probleme in der Linienführung entstehen dann manchmal erst in der Mitte der Bahn. Die Diagonale wird verlassen und das Pferd schwankt gemeinsam mit dem Ausbilder in Schlangenlinien durch die Bahn. Auch diese Problematik ist anfangs nicht ungewöhnlich. Wie im vorigen Kapitel erwähnt, gilt auch in diesen Situationen, dass das umgehende Nachtreiben die Probleme in der Linienführung behebt. In diesen Fällen ist ebenfalls das nicht richtig arbeitende innere Hinterbein die Ursache für die Harmoniestörung. Je gleichmäßiger das Pferd nach vorne arbeitet, desto besser werden die Linien. Als inneres Bild kann sich der Ausbilder ein Segelschiff vorstellen. Ein Segelschiff kann auch nur gelenkt werden, wenn sich ausreichend Wind in den Segeln befindet. Dieser Grundsatz gilt sowohl für das Reiten als auch für die Arbeit am Langen Zügel. Die unten stehende Zeichnung ist eine schöne Visualisierung dieses inneren Bildes für das ausreichende Vorwärts des Reitpferdes. Es ist auch übertragbar auf das am Langen Zügel gearbeitete Pferd.

Ein Segelschiff kann nur gelenkt werden, wenn sich ausreichend Wind in den Segeln befindet. Dieses innere Bild lässt sich auf das Reiten und auf die Arbeit am Langen Zügel übertragen.

Pferd hat nicht ausreichend Vorwärtsdrang

Wie im Kapitel »Interieur des Pferdes« beschrieben, sind nicht alle Pferde für die Arbeit am Langen Zügel geeignet. Bei Betrachtung dieser Problematik ist auszuschließen, dass nicht fehlendes Temperament oder körperliche Ursachen die Gründe für den fehlenden Vorwärtsdrang sind. Fehlendes Vorwärts lässt sich auf keinen Fall am Langen Zügel korrigieren. Ist der fehlende Zug nach vorne in körperlichen Ursachen begründet, kann ein Nachtreiben am Langen Zügel zu gefährlichen Situationen für den Ausbilder führen. Im Exkurs »Langsam ist nicht automatisch versammelt« wurde dargestellt, dass die aktiv arbeitende Hinterhand der Schlüssel zum korrekt arbeitenden Rücken ist. Fließt die Bewegungsenergie noch nicht richtig von der Hinterhand in Richtung der Vorhand, muss erst mithilfe von Arbeit an der Longe und unter dem Sattel die Rückentätigkeit hergestellt werden. Erst dann kann die Arbeit am Langen Zügel begonnen werden. Ein untertourig mit hängendem Rücken gearbeitetes Pferd nimmt auf Dauer gesundheitlichen Schaden und muss zurück in die Basisarbeit.

Oberbereiter Andreas Hausberger & Neapolitano Dahes

Ein Gespräch mit **Oberbereiter Andreas Hausberger**

VIDEO

Pluto Briosa & Oberbereiter Andreas Hausberger, Arbeitspirouette am Langen Zügel

Oberbereiter Andreas Hausberger ist weltweit einer der Topexperten für die Arbeit am Langen Zügel. Die von ihm ausgebildeten Hengste sind seit vielen Jahren fester Bestandteil bei den Vorführungen der Spanischen Hofreitschule.

Andreas, was fasziniert dich an der Arbeit am Langen Zügel?

Für mich ist der Lange Zügel die ultimative Dressur, für die es keine Steigerungsmöglichkeit mehr gibt. Natürlich auf dem Niveau, auf dem wir den Langen Zügel an der Spanischen Hofreitschule präsentieren.

In der Spanischen Hofreitschule arbeitet nicht jede Bereiterin/nicht jeder Bereiter die Pferde am Langen Zügel. Wie kommt man in Wien zur Arbeit am Langen Zügel?

Von den Bereiterinnen, Bereitern und Oberbereitern könnte jeder Langen Zügel machen. Absolut jeder, der will und der vor allem ein geeignetes Pferd hat. Das ist mal wichtig, dass du ein geeignetes Pferd dafür hast. Für die Bereiteranwärterinnen und Bereiteranwärter geht das natürlich nicht, da sie keine ausgebildeten Pferde haben. Sie müssen sich erst ein Pferd ausbilden. Denen kann man, bei Eignung, ein Pferd zur Verfügung stellen. Dies habe ich bei Bereiteranwärter Felix Burger und beim Bereiter Florian E. Zimmermann gemacht.

Dem Bereiteranwärter Felix Burger hast du doch den Neapolitano Dahes zur Verfügung gestellt?

Genau, der Felix macht den Neapolitano Dahes und dem Bereiter Florian E. Zimmermann habe ich den Favory Dagmar I zur Verfügung gestellt. Dem Oberbereiter Seiberl habe ich den Maestoso Stornella zur Verfügung gestellt. Damals, als ich dann zwei am Lange Zügel ausgebildete Pferde hatte.

Das heißt eine Bereiteranwärterin/ein Bereiteranwärter kann entscheiden, ob sie/er die Arbeit am Langen Zügel ausprobieren möchte und wenn sie/er dann Glück hat, wird ein Pferd zur Verfügung gestellt?

Ich schaue mir die Bereiteranwärterinnen, Bereiteranwärter, jungen Bereiterinnen und Bereiter über Jahre an und entscheide dann, mit wem ich am Langen Zügel arbeite. Der Lange Zügel ist gefährlich. Ich habe da als Oberbereiter auch eine Verantwortung, dass die jungen Reiter nicht in Gefahr kommen. Sie sind ja unerfahren.

Die Bereiterinnen und Bereiter haben ja ihre ausgebildeten Hengste, die auf dem entsprechenden Niveau sind und können dann selbst entscheiden, ob sie einen der Hengste am Langen Zügel ausprobieren?

Genau richtig. Oder wie bei Oberbereiter Seiberl und Bereiter Florian E. Zimmermann, die waren schon Bereiter, als ich ihnen ein Pferd zur Verfügung gestellt habe. Die haben das dann als junge Bereiter begonnen.

Ihr nehmt ja in der Spanischen Hofreitschule auch nicht jeden Hengst an den Langen Zügel. Welche Eigenschaften muss ein Hengst haben, damit er infrage kommt für die Arbeit am Langen Zügel?

Er muss besonders fein geritten sein. Das ist mal die Grundvoraussetzung für einen Hengst am Langen Zügel, dass der ganz, ganz fein geritten wird und wirklich, wirklich ein feines Maul hat. Natürlich kommt dann noch dazu, dass der Hengst sicher sein muss. Der Lange Zügel ist ja nicht ungefährlich. Aus Sicherheitsgründen steht man sehr nahe am Pferd, aber trotzdem ist es gefährlich. Ich bin ja selber dreimal geschlagen worden. Wenn ich einen meiner Hengste einer Bereiterin oder einem Bereiter zur Verfügung stelle, habe ich als Oberbereiter auch die Verantwortung, dass da eben nichts passiert.

Es ist ja auch völlig normal, dass man am Langen Zügel mal geschlagen wird. Ich sage auch immer meinen Schülern, dass es eine gefährliche Form der Arbeit ist. Das muss man sich einfach klar machen.

Genau richtig! Das darf man nicht unterschätzen. Der Zuschauer glaubt schnell, wenn er die Vorführung sieht und die Hengste gehen so schön und es läuft alles so harmonisch ab, dass da gar nichts passieren kann. Es wird schnell gedacht, das kann jeder, hinter dem Pferd hergehen und das Pferd macht das von alleine. Es stimmt; die Hengste arbeiten alleine am Langen Zügel. Man kann nur durch leichte Stimm-, Gerten- und Zügelhilfe einwirken, aber man muss diesen Hengst ja auch ausbilden. Der Hengst kennt alle Lektionen von der Ausbildung unter dem Sattel, muss aber für die Arbeit am Langen Zügel umgestellt werden. Er wird von Gewichts- und Schenkelhilfen auf reine Zügelhilfen und ganz minimale Stimm- und Gertenhilfen umgeschult.

Wann hast du das erste Mal in der Spanischen Hofreitschule einen Hengst am Langen Zügel gearbeitet?

Ich hatte damals das Glück, dass ich die Pferde vom Oberbereiter Kottas gearbeitet habe und er war dann der Meinung, dass ich es mal probieren könnte. Ich muss dazu sagen, dass damals der Oberbereiter Kottas auch einem zweiten Bereiteranwärter ermöglicht hat, die Arbeit am Langen Zügel zu beginnen. Wir hatten zwei unerfahrene Hengste, die noch nicht ausgebildet waren. Ich habe den Siglavy Plutona vom Oberbereiter Kottas bekommen.

Das heißt der Siglavy Plutona war noch nicht ausgebildet am Langen Zügel?

Nein, die beiden Hengste waren noch nicht ausgebildet. Mein Kollege hat den Maestoso Stornella bekommen. Das hat sich der Herr Oberbereiter dann mal längere Zeit angeschaut und hat geschaut, welcher Hengst kommt weiter und welcher Hengst kommt nicht so schnell weiter. Später hat der Oberbereiter Kottas entschieden, dass ich beide Hengste arbeiten soll. Beide waren nicht ausgebildet.

Wow! Das heißt deine ersten Erfahrungen am Langen Zügel waren wirklich mit einem nicht am Langen Zügel ausgebildeten Hengst!

Genau, und weil der Oberbereiter der Meinung war, ich mache das geschickt und gut, hat er mir den zweiten auch noch gegeben. Ich hatte dann zwei unerfahrene Hengste am Langen Zügel. Diese beiden Hengste waren so unterschiedlich, das kann man sich gar nicht vorstellen! Der Siglavy Plutona war ein Traumpferd. Er ist Vorführungen gegangen und der Oberbereiter Kottas ist ihn selber geritten. Er ging Pas de Deux und Schulquadrille, also wirklich ein toller Hengst. Siglavy Plutona war relativ alt und bin ich super mit ihm zurechtgekommen. Der hat Serienwechsel gemacht, Piaffe und Passage. Einerwechsel konnte er keine, aber er hat Zweierwechsel gemacht. Mit ihm bin ich dann relativ schnell in die Vorführung gekommen. Daneben habe ich noch mit Maestoso Stornella gearbeitet. Dieser Hengst hat wenig von sich selber gegeben und man musste ihn motivieren. Ich habe oft gedacht: »Der macht ja gar nichts von selber!« Siglavy Plutona hat selber gearbeitet und sich angestrengt. Maestoso Stornella hatte eine andere Arbeitseinstellung. Er war ganz das Gegenteil. Ich habe es trotzdem geschafft, dass auch dieser Hengst wunderbar in der Vorführung gegangen ist. Da waren damals alle beeindruckt, dass ich ihn auch noch in die Vorführung bekommen habe. Siglavy Plutona ging dann einige Zeit später in Pension und ich hatte zu diesem Zeitpunkt nur noch den Maestoso Stornella. Ihn hatte ich ein paar Jahre in der Vorführung. Dann kam aber schon mein Bereiterpferd, der Conversano Isabella. Ich hatte zwei Hengste am Langen Zügel ausgebildet, die vorher nichts konnten und habe mir dann gedacht »Jetzt probierst du mal deinen Eigenen.« Ich hatte ihn mittlerweile fertig ausgebildet und war bereits Bereiter.

Das heißt du warst Bereiteranwärter, als du die beiden Hengste Siglavy Plutona und Maestoso Stornella am Langen Zügel gearbeitet hast?

Genau.

Kannst du dich noch erinnern, welches deine Herausforderungen waren, als du die ersten Male am Langen Zügel gearbeitet hast?

Das Pferd angaloppieren! Es hat mich schon mal gewundert, dass ich das Pferd überhaupt angaloppieren konnte. Schritt und Trab waren kein Problem. Die Hengste gingen super am Zügel. Auch die Seitengänge waren für mich eine Herausforderung, denn ich wusste ja nicht, wie man einwirkt. Man hat mir zwar gesagt, wie man einwirkt am Langen Zügel, aber es selber zu spüren ist etwas anderes. Du musst es selber spüren, wie du einwirken musst. Man kann es dir erklären, aber im Endeffekt musst du es selbst spüren. Außerdem war meine eigene Kondition eine zusätzliche Herausforderung. Ich hatte nach den ersten Tagen wahnsinnige Schmerzen im Oberschenkel von dem Muskelkater. Da ich den Hengst auf jeden Fall weiterarbeiten wollte, habe ich es aber keinem gesagt und weitergemacht. Auch das elegante Gehen mit den großen Schritten aus der Hüfte war zu Beginn schwierig. Das musste ich ebenfalls erst üben.

Für viele ist es ja zu Beginn schon schwierig zu lenken und einen Handwechsel hinzubekommen. Das war für dich gar kein Problem?

Nein, das war überhaupt kein Problem.

Also Seitengänge und das Angaloppieren waren für dich zu Beginn schwierig.

Genau richtig. Das Angaloppieren war die große Herausforderung mit dem Siglavy Plutona. Das habe ich auch dann hinbekommen und dann war es mit dem Maestoso Stornella auch nicht mehr so schlimm. Die nächste Herausforderung war der Sprungwechsel. Ich hatte ja noch nie einen Sprungwechsel gemacht am Langen Zügel. Der Oberbereiter Kottas hat immer gesagt »Bitte sei vorsichtig!« Beim Sprungwechsel kann es wirklich gefährlich werden, denn du musst ja einwirken. Du kannst ja nicht nur hinterher gehen und die Seite wechseln. Das Pferd weiß ja gar nicht, was es machen soll. Siglavy Plutona hat ja nicht gewusst, wenn ich die Seite wechsle, dass das die Hilfe für den Sprungwechsel ist. Der Oberbereiter Kottas hat damals gesagt »Weißt du was? Versammle ihn, gehe auf die Diagonale und am Ende, bevor du durch die erste Ecke gehst, wechselst du die Seite und gibst leichten Zungenschlag.« Das habe ich gemacht und es hat funktioniert! Der Siglavy Plutona war so ein traumhaftes Pferd! Ich bin heute sehr emotional, wenn ich über dieses Pferd rede, weil er so traumhaft war. Auf jeden Fall habe ich da den Sprungwechsel gespürt und habe gedacht »Das wiederhole ich jetzt gleich noch mal«, und er hat es gleich wieder gemacht! Ein paar Tage später habe ich gedacht: »Jetzt probierst du einmal den Übergang vom Handgalopp zum Kontergalopp an der langen Seite«, und dann hat er das auch gemacht, ist zum Kontergalopp gewechselt und ist mit mir die nächste kurze Seite im Kontergalopp gegangen. Ich habe gedacht »Das gibt es ja nicht! Der macht das alles so, wie ich ihm das sage!« Weißt du, das war so ein Wahnsinn. Ich habe gedacht: »Jetzt habe ich das mit dem geschafft. Das ist ja unglaublich!«

Oberbereiter Andreas Hausberger & Conversano Isabella

Vor allem hast du es dir ja alles selbst erarbeitet. Du hast es ja nicht vorher gefühlt bei einem am Langen Zügel ausgebildeten Hengst.

Ja, der Oberbereiter Kottas hat mir das zugetraut. Er hat gesagt: »Nimm dir den Hengst und mach das.« Später hatte ich zwei Hengste fertig ausgebildet. Weißt du, der Maestoso Stornella hat nicht wirklich 100 % gegeben in der Vorführung. Training ist eine Sache, aber die Vorführung ist eine ganz andere Sache. Hengste können traumhaft gehen im Training und in der Vorführung ist es manchmal, als wenn du den Stöpsel ziehst und die Luft geht raus.

Fleißig müssen die Pferde ja sein für die Arbeit am Langen Zügel. War der Maestoso Stornella dann einfach nur weniger motiviert?

Die ersten paar Vorführungen war er super. Dann ist der Hengst darauf gekommen, dass er sich nicht so sehr anstrengen muss in der Vorführung. Ich habe immer Mühe gehabt, dass der schön galoppiert, dass er schön trabt, dass die Aufrichtung passt und er schön oben bleibt. Er ist dann so faul geworden und hat gewusst, dass er sich nicht richtig anstrengen muss in der Vorführung und ist von selbst tiefer und langsamer geworden. Ich musste dann oft schon in der Vorführung leicht die Gerte anlegen, damit er sich ein bisschen aufrichtet und vorne groß macht. Weißt du, Aufrichtung kommt ja von hinten, nicht durch die Zügelhilfen! Das heißt du musst das Pferd hinten auffordern, damit es sich aufrichtet. Ich habe mir schon oft gedacht: »Um Gottes Willen, noch ein Jahr zusätzlich schaffe ich das nicht mit dem Hengst. Das geht nicht. Der lässt mich hängen in der Vorführung nach Strich und Faden.«

Dann habe ich den Conversano Isabella probiert. Dieser Conversano Isabella, ich kann mich noch erinnern, wie ich den zum ersten Mal geführt habe. So ein Gefühl habe ich noch nie gehabt am Langen Zügel. Ich habe mir immer gedacht »Wo nimmt der seine Energie her?« Dieses Pferd hatte so eine tolle Arbeitseinstellung. Ich bin jahrelang mit diesem Hengst Vorführungen gegangen und er hat mich nie hängen lassen wie der Maestoso Stornella. Der Maestoso Stornella war zum Schluss so was von faul. Den habe ich gar nicht mehr weiterbekommen! Ich wusste Conversano Isabella, der kann alles. Er machte die Einerwechsel unter dem Sattel und die Doppelpirouetten superschön. Die Piaffe unter dem Sattel hat mir nicht so gut gefallen. Es war keine Traumpiaffe, aber er ist piaffiert. Passagiert ist er sehr schön. Ich habe zu diesem Zeitpunkt ja gewusst, wie man ein Pferd am Langen Zügel ausbildet. Mit Conversano Isabella war die Ausbildung am Langen Zügel ein Durchmarsch! Als er jung war, war er das schlechteste Pferd, das ich bekommen habe, weil es mein erster Hengst war. Er war so ein immens langes Pferd, da hätte man zwei Sättel drauflegen können. Als Junghengst hat er den Schweif immer schief getragen und war immer im Kreuzgalopp. Egal wie er galoppiert ist, er war immer im Kreuzgalopp, auch ohne Reiter im Freilauf! Ich habe mir gedacht »Wer den Hengst bekommt, ist arm.« Der war ein »Unpferd«, wenn ich das sagen darf. Das sollte man jetzt bitte nicht falsch verstehen, aber der war ein Pferd, das man nicht haben will und nur zum Ausreiten verwendet. Wer glaubst du hat dieses Pferd bekommen? Ich! Weil ich der jüngste Bereiteranwärter war. Später war nicht einmal der Siglavy Plutona so toll am Langen Zügel wie der Conversano Isabella.

An welches Pferd erinnerst du dich ganz besonders am Langen Zügel, war das der Conversano Isabella?

Auf jeden Fall. Ich kann zwei herausragende Lange-Zügel-Pferde benennen, das waren der Conversano Isabella und der Conversano Dagmar. Diese beiden Hengste waren herausragend.

Gab es einen Hengst, der besonders schwer auszubilden war?

Oberbereiter Andreas Hausberger & Conversano Dagmar

Schwer auszubilden war nicht ein Hengst, weil wir mit schwer auszubildenden Hengsten am Langen Zügel nicht weiterarbeiten. Wenn ich merke, dass es nicht funktioniert, höre ich mit so einem Hengst auf und probiere es mit einem anderen. Es gab viele Hengste, die nie in der Vorführung waren. Hengste, die unsicher sind, nicht die notwendige Ausstrahlung haben oder nicht weiterkommen, bilde ich nicht weiter aus am Langen Zügel.

Bei euch sind ja die Pferde bereits auf Vorführungsniveau, wenn du sie an den Langen Zügel nimmst. Wie lange dauert es, bis sie das gleiche Repertoire auch am Langen Zügel zeigen können?

Das ist auch etwas unterschiedlich von Hengst zu Hengst. Der Conversano Isabella hat das in vier Monaten geschafft. Vielleicht lag es daran, dass ich ihn kannte, seitdem er Junghengst war und wir schon vorher ein eingespieltes Team waren. Neopolitano Dahes hat sieben Monate gebraucht, bis er in der Vorführung war. Soweit ich mich erinnern kann, war er der Hengst, der die längste Zeit benötigt hat.

Reitest du die Langen-Zügel-Hengste auch noch?

Ja, außer den Favory Biserka. Den habe ich jetzt am Langen Zügel. Diesen Hengst bin ich noch nie geritten.

Wird er noch von jemand anderem geritten oder arbeitest du ihn nur am Langen Zügel?
Der Bereiteranwärter Felix Burger reitet ihn manchmal und geht auch mit ihm ausreiten, wenn wir am Trainingszentrum Heldenberg sind. Ich arbeite ihn ausschließlich am Langen Zügel.

Mit welchen Übungen beginnst du, wenn du einen Hengst das erste Mal an den Langen Zügel nimmst?

Bei der ersten Einheit sind wir immer zu zweit. Ein Helfer geht am Kopf mit. Das Pferd trägt keinen Kappzaum oder Halfter. Ich führe von Anfang an schon am Langen Zügel, aber einer ist immer am Kopf. Das Pferd soll sich sicher fühlen und lernen ruhig geradeaus zu gehen.

So habe ich das vor Kurzem mit Pluto Troja auch gemacht. Es hat aber nur eine halbe lange Seite gedauert und dann hat er es verstanden.

Genau so ist das bei mir. Das dauert vielleicht eine halbe lange Seite, eine ganze lange Seite oder auch zwei lange Seiten. Es kommt immer auf den Hengst an, aber dann sage ich schon zum Helfer: »Du kannst jetzt etwas weggehen, gehe aber bitte noch mit.« Dann sage ich oft: »Jetzt bleib bei den Pilaren stehen. Ich gehe selber ein paar Runden.« Wenn das gut funktioniert, bitte ich den Helfer, mit mir auf die Diagonale zu kommen.

Dabei lässt du dir dann auch wieder helfen. Machst du das dann nur im Schritt?

Ja, nur im Schritt. Ich muss das Pferd erst kennenlernen. Am Ende der Diagonalen bleibe ich meistens stehen. Der Helfer und ich sind ja beide innen. Den Seitenwechsel muss man dem Hengst auch langsam zeigen. Also geht der Helfer am Kopf zuerst und im Anschluss gehe ich langsam auf die andere Seite. So setzen wir dann auf der anderen Hand fort. Ich beginne immer alle Hengste links und dann gehe ich meistens schon in der ersten Einheit auf die Diagonale im Schritt und mache einen Handwechsel.

Wenn das dann gut klappt, trabst du an?

Genau. Es hat schon Hengste gegeben, die habe ich in der ersten Einheit angetrabt und es gab Hengste, die habe ich nach dem dritten Mal noch nicht angetrabt. Das ist von Pferd zu Pferd verschieden. Das kommt immer drauf an, wie ich das spüre.

Wie viele Pferde hast du bisher am Langen Zügel ausgebildet?

Sieben (Maestoso Stornella, Siglavy Plutona, Conversano Isabella, Conversano Dagmar, Favory Dagmar I, Neapolitano Dahes, Favory Biserka).

Lieber Andreas, vielen Dank für dieses Interview.

Bei Problemen in der Linienführung ist es hilfreich, sich das im Kapitel »Traversalen« beschriebene innere Bild mit der Kamera vorzustellen.

Fortgeschrittene Übungen

Zur Korrektur der Linienführung ist es bei allen Seitengängen erlaubt, kurzzeitig von der engen in die breite Führung zu wechseln.

Eine fließende Traversale am Langen Zügel oder ein schön zu betrachtender, harmonischer, versammelter Galopp sind ein von vielen Fans dieser Arbeit angestrebtes Ziel. Im Folgenden wird ein Einblick gegeben, wie der Einstieg in diese fortgeschrittenen Übungen gelingt. Vorbedingung für die fortgeschrittenen Übungen ist das Gelingen der in den vorherigen Kapiteln beschriebenen Basisarbeit.

Seitengänge

Bevor Seitengänge am Langen Zügel versucht werden, sollte das Pferd diese bereits unter dem Sattel oder an der Hand im Trab beherrschen. In der Regel ist der Transfer dieser Lektion dann gar nicht mehr schwer. Die Seitengänge werden am Langen Zügel stets im Trab ausgeführt. Die Gründe wurden im Kapitel »Schnellstmöglich in den Trab!« beschrieben. Schrittsequenzen werden lediglich kurzzeitig zur Verdeutlichung des gewünschten neuen Lerninhalts ins Training eingebaut. Um die so entscheidende Vorwärtstendenz auch in den Seitengängen zu erhalten, sollte der Trab die Hauptgangart für das Erlernen der Seitengänge am Langen Zügel sein.

Im Schulterherein wechselt der Ausbilder von der breiten in die enge Zügelführung.

Schulterherein

Wie bei allen Lektionen am Langen Zügel ist auch beim Schulterherein der gleichmäßige Kontakt zu beiden Maulwinkeln des Pferdes entscheidend für das Gelingen. Es empfiehlt sich zunächst einige Sequenzen im Schritt abzufragen, um dem Pferd den anstehenden neuen Lerninhalt zu verdeutlichen. Gelingt das

VIDEO

Schulterherein am Langen Zügel

Die enge Zügelführung wird bei allen Seitengängen verwendet.

Schulterherein im Schritt, wird auch hier wieder schnellstmöglich in den Trab übergegangen. Der Ausbilder leitet das Schulterherein ein, indem er seine eigenen Schultern leicht dreht und mit beiden Zügeln die Schultern des Pferdes hereinführt. Die Zügelfäuste werden von der breiten Führung in die enge Führung seitlich neben der Kruppe genommen. Beide Hände werden direkt nebeneinander getragen. Das Wechseln in die enge Zügelführung ist für das Pferd das Signal für die Seitengänge. Die Schulterdrehung des Ausbilders und auch das Schicken des eigenen Blicks in Richtung der Pferdeohren zur Bahnmitte sind analog zur Vorgehensweise unter dem Sattel. Entscheidend für das harmonische Einleiten in diesen Seitengang ist der Fokus auf die gleichmäßig anstehenden Zügel und die ruhige Lenkbewegung der Pferdeschultern in Richtung der Bahnmitte. Der Ausbilder muss seinen Fokus darauf legen, dass er im Moment des Abwendens von der Bande sein Pferd nicht alleine lässt und einer oder beide Zügel möglicherweise kurzzeitig durchhängen. Anlehnung bringt auch hier wieder Ruhe und Sicherheit. Das Hereinführen geschieht ruhig und ohne jegliche Hektik. Der Ausbilder sollte sich verdeutlichen, dass ihm ausreichend Zeit zur Verfügung steht, um den Seitengang einzuleiten.
Während des Beginns der Lektion ist darauf zu achten, dass der Bewegungsfluss erhalten bleibt. Im Schulterherein muss das Pferd sein inneres Hinterbein deutlich mehr beugen und vermehrt Last aufnehmen. Häufig entsteht schon im Moment des Einleitens eine Störung im Bewegungsfluss. Besteht diese Thematik, ist es sinnvoll, bereits beim Einleiten die Gerte leicht an der inneren Hinterhand des Pferdes anzulegen und somit das innere Hinterbein von Anfang an in der Arbeit zu behalten. Sollten Korrekturen der Schulterpositionierung während des Schulterhereins notwendig sein, dürfen die Hände wieder aus der engen Führung genommen werden, sind dann aber schnellstmöglich wieder in die richtige Position zurückzubringen. Bei Pferden, die sich auf ihrer hohlen Seite versuchen extrem zu verbiegen, kann es hilfreich sein zur Korrektur die äußere Hand etwas tiefer an der Kruppe zu führen, um die Hinterhand besser zu positionieren und den Grad der Abstellung zu kontrollieren. In den Anfängen des Seitengangs sind kurzzeitige Variationen in der Zügelführung erlaubt und vollkommen normal. Die enge Führung ist als Ziel immer wieder anzustreben und einzunehmen.

»Anlehnung bringt Ruhe und Sicherheit«

Der im Kapitel »Zügelführung« erwähnte stets zu erhaltende Körperkontakt zum Pferd mit mindestens einer Zügelfaust ist auch beim Gelingen der Seitengänge entscheidend.

Ein gutes Schulterherein zeichnet sich durch einen gleichmäßigen Bewegungsfluss und taktklare Gänge aus. Stockt der Bewegungsfluss im Schulterherein, ist umgehend das innere Hinterbein mit Stimme oder Gerte nachzutreiben. Alternativ zur Gerte kann man am Langen Zügel auch einen kleinen Stupser mit der Zügelfaust an der inneren Hinterhand des

Pferdes vornehmen. Am Langen Zügel wird das Schulterherein nur an der langen Seite abgefragt. Um den Bewegungsfluss nach vorne körpersprachlich zu betonen, kann der Ausbilder aus dem Augenwinkel ans Ende der langen Seite schauen. Es ist wichtig, dass er nicht den ganzen Kopf in Blickrichtung wendet. Dies würde zu Harmoniestörungen in der Abstellung führen.

Kein Travers im Trab!

Am Langen Zügel wird auf das Travers im Trab verzichtet. Begründet ist dies in der Galopparbeit. Die Hilfe für das Einspringen in den Galopp wird später der Schritt des Ausbilders auf die äußere Seite der Kruppe sein. Da das Travers ebenfalls so eingeleitet wird, wäre die Hilfengebung für das Pferd missverständlich. Angaloppiert wird später zu Beginn aus dem Schritt im Travers. Aus diesem Grund ist für die spätere Galopparbeit das Travers im Schritt abzufragen. Die Vorgehensweise hierfür wird im Kapitel zum Galopp beschrieben. In Ausnahmefällen kann das Travers im Trab notwendig sein, wenn Pferde übergangsweise darüber leichter in den Galopp finden. Als Seitengang zur Gymnastizierung wird es im Trab aus oben beschriebenen Gründen nicht angewendet.

Traversalen

Travers wird im Trab aus den im vorigen Kapitel beschriebenen Gründen ausschließlich in Form von Traversalen abgefragt. Als Lektion handelt es sich bei der Traversale um ein Travers (Kruppeherein) entlang der Diagonalen. Für den korrekten Beginn stellt sich der Ausbilder vor, dass er zunächst die Bahnfigur »Durch die ganze Bahn wechseln« führen möchte. Um die Traversale harmonisch einzuleiten, ist es wichtig, dass der Ausbilder sein Pferd erst komplett auf die Wechsellinie abwendet. Diese Vorgehensweise stellt sicher, dass das komplette Pferd auf die Diagonale abgewendet wird, der Seitengang nicht vorschnell begonnen wird und die Schulter später in der Traversale vorausgeht. Ist das gesamte Pferd auf die Wechsellinie gewendet, leitet der Ausbilder in Ruhe das Travers ein, indem er einen Schritt auf die äußere Seite der Kruppe macht. In der Regel kommt durch dieses körpersprachliche Signal bereits die Kruppe des Pferdes nach innen. Der Ausbilder soll sich, wie zuvor erwähnt, stets daran erinnern, dass es sich bei einer Traversale um ein Travers entlang der Diagonalen handelt. Ganz entscheidend für die erfolgreiche Umsetzung der Traversale ist die Blickrichtung des Ausbilders in Kombination mit der richtigen Führung der Zügel. Ist die Kruppe korrekt positioniert, stellt er mit beiden Zügeln

Eine wichtige Vorbedingung für eine schön geführte Traversale ist der Blick nach vorne in Richtung Zielpunkt. Das Foto zeigt den Moment des Abwendens auf die Diagonale.

Auch in der Traversale wechselt der Ausbilder von der breiten in die enge Zügelführung.

Erst nach dem Abwenden des kompletten Pferdes auf die Wechsellinie macht der Ausbilder den Schritt auf die äußere Seite der Kruppe.

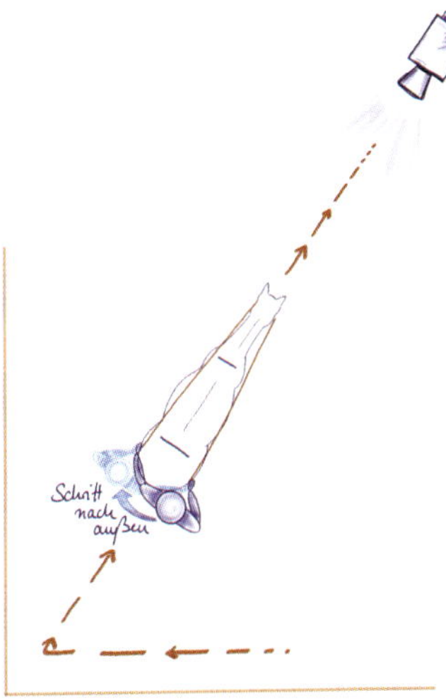

Bei einer Traversale handelt es sich um ein Travers auf der Diagonalen.

Nach dem Schritt auf die äußere Seite der Kruppe stellt der Ausbilder das Pferd um in das Travers. Entscheidend für eine korrekte Linienführung ist der in Richtung einer gedachten Kamera nach vorne gerichtete Blick.

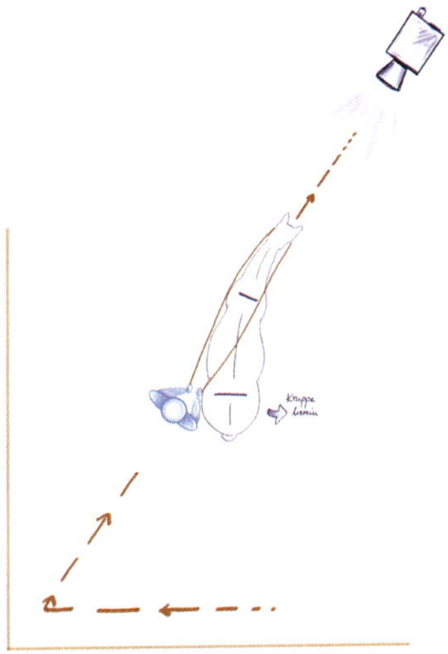

ebenfalls Kopf und Hals des Pferdes in Richtung des Zielpunktes. Für die korrekte Traversale ist das Pferd in Bewegungsrichtung gestellt. Ein schönes inneres Bild ist die Vorstellung, dass am Ende der Wechsellinie eine Kamera steht. Der Ausbilder schaut während der gesamten Traversale über den Widerrist seines Pferdes in Richtung dieser imaginären Kamera. Werden besonders große Pferde am Langen Zügel geführt, ist der beschriebene Blick über den Widerrist nicht möglich. Hier muss der Ausbilder in Gedanken durch das Pferd zum Ende der Diagonalen schauen. Die Zügel werden während der gesamten Traversale so führend eingesetzt, dass das Pferd mit beiden Augen fortwährend in die gedachte Kamera schaut. Die Zügel sind in der Traversale wie zwei Leitplanken einzusetzen, in deren Rahmen sich die Schultern des Pferdes bewegen dürfen.

VIDEO

Traversale am Langen Zügel

Exkurs: Warum es ohne Seitengänge niemals fein und harmonisch wird

Viele wagen sich spät oder gar nicht an die Seitengänge, da sie sich an den Turnierklassen der Deutschen Reiterlichen Vereinigung orientieren. Das Schulterherein muss gemäß dieser Klassifizierung erst ab Dressurklasse L gezeigt werden, das Travers sogar erst ab M-Niveau. Reiter, die sich noch auf E/A-Niveau befinden, wagen sich daher zum Teil nie oder viel zu spät an diese so wichtige Gymnastik.

Warum braucht jedes Pferd alle Seitengänge? Genau wie wir Menschen haben auch Pferde eine Seite, zu der sie sich weniger gerne dehnen mögen. Die Muskulatur der hohlen Seite ist verkürzt und die Muskulatur der sogenannten steifen Seite ist sehr dehnfähig. Die hohle Seite ist die Seite, zu der sich das Pferd lieber biegt. Der Ausbilder erkennt die hohle Seite daran,

Über das Kruppeherein wird das äußere Hinterbein des Pferdes kontrolliert.

Für das Geraderichten werden alle Seitengänge benötigt. Schulterherein ermöglicht die Platzierung des inneren Hinterbeins.

dass die Zirkel über X eher die Form eines Ostereis bekommen, weil das Pferd auf die äußere Schulter fällt und über diese wegdriftet. Auf der steifen Seite wird der Zirkel zu klein und das Pferd reagiert nicht so gut auf die treibenden Hilfen. Das Hinterbein der hohlen Seite ist das beweglichere, aber schwächere Hinterbein. Das Hinterbein der steifen Seite ist stärker, aber weniger beugsam.

Ein Element der Skala der Dressurausbildung ist das Geraderichten des Pferdes. Per Definition ist beim geradegerichteten Pferd die natürliche Schiefe ausgeglichen. Es ist aufgrund der vorangegangenen Gymnastizierung so gut ausgebildet, dass es zu beiden Seiten gleichmäßig geschmeidig ist. Dies lässt sich daran erkennen, dass es sich genauso gut nach links wie nach rechts hohl machen kann. Solange wir das Pferd nur auf der Wiese stehen lassen, ist es egal ob es geradegerichtet ist oder schief durch das Leben trabt. In dem Moment, in dem es als Reitpferd oder auch für die Arbeit am Langen Zügel eingesetzt werden soll, ist der Mensch verpflichtet es geradezurichten. Ein schiefes Pferd belastet seine Beine nicht gleichmäßig. Eines der vier Beine wird beim nicht geradegerichteten Pferd mehr belastet, welches in der Regel das Vorderbein der steifen Seite ist. Auf dieses fällt es vermehrt und trägt mit diesem Bein mehr Last. Auf Dauer führt diese Ungleichverteilung des Körpergewichts und beim Einsatz als Reitpferd des zusätzlichen Reitergewichts zu einer Überbelastung dieser Gliedmaße mit möglichen orthopädischen Verschleißerscheinungen.

Mithilfe der Seitengänge Schulterherein und Konterschulterherein lernt der Ausbilder die Schultern des Pferdes zu positionieren und zu kontrollieren. Mit den Seitengängen Travers (auch Kruppeherein genannt) und Renvers wird die Kruppe platziert. Neben dem erwähnten dehnenden Effekt auf die Oberlinie des Pferdes haben die Seitengänge auch einen hankenbeugenden und Kraft aufbauenden Aspekt. Das Hinterbein der steifen Seite, welches stark, aber weniger beugbar ist, wird durch die Seitengänge beweglicher. Das schwache, aber beweglichere Hinterbein der hohlen Seite wird durch die Seitengänge gestärkt, da es aufgefordert wird, mehr in Richtung Schwerpunkt zu fußen und Last aufzunehmen.

Über die vermehrte Geraderichtung entsteht auch bei der Arbeit am Langen Zügel ein gleichmäßiger Zug an beiden Trensenringen. Alle muskulären Steifheiten und fehlende Kraft äußern sich stets in Harmoniestörungen während der Arbeit von Pferd und Mensch. Je geschmeidiger und trainierter das Pferd wird, desto feiner und harmonischer wird die Zusammenarbeit.

Mögliche Probleme bei den Seitengängen

Im folgenden Kapitel werden mögliche Probleme und deren Lösungen beschrieben. Prinzipiell lässt sich feststellen, dass viele Harmoniestörungen aufgrund fehlender Vorbereitung und zu wenig Ruhe in der Ausführung entstehen. Der Ausbilder sollte sich auch beim Erarbeiten der Seitengänge verdeutlichen, dass ausreichend Zeit für die Ausführung zur Verfügung steht. Bei allen auftretenden Problemen ist zu hinterfragen, ob der eigene Körper weiterhin aufgerichtet geblieben ist, die großen, weiten Schritte erhalten geblieben sind und der eigene Blick weiterhin in die Ferne geschickt wurde. Oft sinken die Ausbilder bei auftretenden Problemen regelrecht in sich zusammen und schauen auf den Boden. Eine Korrektur der beschriebenen körpersprachlichen Komponenten löst häufig viele Schwierigkeiten.

Pferd lässt sich nicht in das Schulterherein wenden

Bei diesem Problem sollte vorab ausgeschlossen werden, dass nicht die fehlende Grundausbildung und somit ein Mangel an Durchlässigkeit der Grund für das Abwehrverhalten des Pferdes ist. Stellt der Ausbilder nach kritischem Hinterfragen fest, dass sein Pferd diese Probleme ebenfalls an der Hand oder unter dem Sattel zeigt, ist in der Ausbildung ein Schritt zurückzugehen und dem Pferd der fehlende Lerninhalt zu verdeutlichen. Lässt sich eine fehlende Vorbereitung als Ursache ausschließen, steht dem richtigen Schulterherein am Langen Zügel nichts im Wege.

In der Regel lassen sich folgende Fehlerquellen für Schwierigkeiten beim Abwenden der Schultern benennen.

Zuerst ist die fehlende Führung seitens des Ausbilders zu benennen. Im Moment des Abwendens sind viele Ausbilder so damit beschäftigt, das Pferd in den Seitengang zu führen, dass sie die Verbindung zu den Maulwinkeln des

Jana und Joshi im vorbildlichen Schulterherein. Eine konstante Führung an beiden Zügeln, der nach vorne gerichtete Blick und ein gleichmäßiges Vorwärts sind die Lösung bei Lenkproblemen im Schulterherein.

Pferdes abreißen lassen. Das Pferd kann in diesen Fällen nicht korrekt in das Schulterherein wenden, da die gleichmäßige Führung fehlt. Der Ausbilder sollte sich bei der Behebung des Problems immer wieder bewusst machen, dass ihm nur die beiden Langen Zügel zur Verfügung stehen, um sein Pferd zu führen. Aus diesem Grund darf diese Verbindung niemals abreißen. Zur Korrektur sollte während des Hereinführens der Schulter darauf geachtet werden, dass permanent ein beidseitiger Kontakt zum Pferdemaul besteht.

Ein weiterer Grund für Schwierigkeiten beim Abwenden kann im inneren Hinterbein begründet sein. Statt das innere Hinterbein zu beugen, versucht das Pferd dieser Aufgabe zu entgehen und versteift dieses. Diese Ursache geht immer einher mit einer Unterbrechung im Bewegungsfluss im Moment des Einleitens. Die Lösung ist in diesem Fall die Aktivierung des inneren Hinterbeins im Moment des Abwendens. Hilfreich ist ein Anstupsen mit der Zügelfaust oder eine Berührung mit der Gerte.
Einige Pferde versuchen auch die richtige Einleitung zu ignorieren. In diesen Fällen muss der Ausbilder zur Verdeutlichung stärkere Lenkbewegungen mit den Zügeln ausführen. Wie zuvor erwähnt, sind die Zügelfäuste nach erfolgten Korrekturen immer wieder in die richtige Position zurückzunehmen.

Pferd lässt die Schultern hereinführen, aber geht dann nicht seitwärts, sondern in die Mitte der Bahn

Diese Harmoniestörung liegt immer in der fehlenden Führung durch den Ausbilder begründet. Im Moment des Einleitens muss dem Pferd im ersten Schritt vorgegeben werden, dass es wenden soll und im zweiten Schritt signalisiert werden, ab wann es seitwärts gehen muss. Dies wird umgesetzt, indem nach dem Abwenden der Schultern mit beiden Zügeln durch ein Anstehenlassen beider Zügel der weitere Weg nach vorne geschlossen wird. Wird vom Ausbilder diese Begrenzung nach vorne weich und exakt vorgegeben, kann die Bewegungsenergie des Pferdes automatisch nur noch seitwärts fließen. Wie immer bei der Arbeit mit dem Pferd, ist bei diesem Feststehenlassen der Hand zu beachten, dass keinesfalls rückwärts eingewirkt wird. Neben der korrekten Führung

Der konstant anstehende Zügel gibt dem Pferd genau vor, wie weit es in den Schultern abwenden darf.

über die beiden Zügel muss der Ausbilder, analog zur Beschreibung im vorigen Kapitel, wieder die Aktivität des inneren Hinterbeins erhalten.

Pferd bekommt zu viel Abstellung im Schulterherein, verbiegt sich und fällt über die äußere Schulter

Geht das Pferd statt der gewünschten drei oder vier Hufschläge mit deutlich mehr Abstellung, ist dies auch wieder in einer fehlenden Führung über die Zügel begründet. Zur Korrektur muss der Ausbilder darauf achten, dass er in jedem Moment des Schulterhereins einen steten Kontakt zu beiden Maulwinkeln bewahrt. Der Fehler entsteht häufig bereits während der Einleitung. Das Pferd schleudert regelrecht in ein Zuviel an Abstellung, da es durch den Ausbilder nicht konstant geführt wurde. Die Abstellung bleibt richtig, indem sich der Ausbilder darauf konzentriert, den Kopf exakt zu positionieren und das Pferd gleichbleibend an beiden Trensenringen zu betreuen. Eingeleitet wird das Schulterherein immer mit beiden Zügeln.

Neben dem Fehler im Moment der Einleitung kann das beschriebene Problem auch während des Schulterhereins auftreten. Der Beginn kann sogar recht gelungen gewesen sein, im Laufe

Zur Korrektur des zu wenig anstehenden äußeren Zügels kann der Ausbilder sich als inneres Bild vorstellen, dass er gleich in das Renvers umstellen möchte.

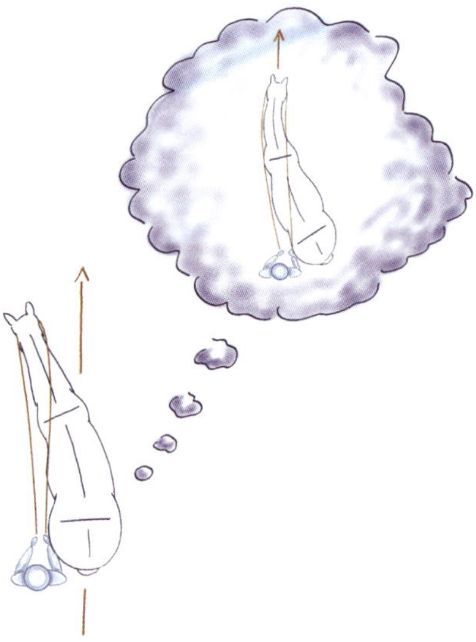

des Seitengangs entsteht dann jedoch ein sich verbiegendes Pferd, welches über die äußere Schulter fällt. Diese Harmoniestörung hat in der Regel zwei mögliche Ursachen:
Zum einen können ein zu stark anstehender innerer Zügel und ein zu wenig anstehender äußerer Zügel zu diesem Verbiegen führen. Der Ausbilder sollte zur Lösung des Problems, genau wie bei der Arbeit unter dem Sattel, das Schulterherein so führen, dass der äußere Zügel die Schulter des Pferdes hereinführt und leitet. Der innere Zügel steht zwar an, ist jedoch weich und nachgiebig. Trotz der beschriebenen weichen Nachgiebigkeit sollte der innere Zügel nicht durchhängen. Genau wie bei dem gerittenen Schulterherein darf das Pferd auch am Langen Zügel niemals am inneren Zügel in den Seitengang gezogen werden. Dies führt unweigerlich zu einem Ausbrechen über die äußere Schulter. Das Pferd kann den Seitengang in solchen Fällen nicht korrekt ausführen. Ein hilfreiches inneres Bild kann sein, das Schulterherein so zu führen, als würde man gleich in das Renvers umstellen wollen. Über diese gedankliche Stütze erzeugt man einen konstant führenden äußeren Zügel.
Zum anderen kann das Ausfallen über die äußere Schulter im Laufe des Schulterhereins auch wieder durch den springenden Zügel des Ausbilders entstehen. Hier hilft es wieder, sich permanent auf die konstante Verbindung zu beiden Maulwinkeln zu konzentrieren und diese auf keinen Fall abreißen zu lassen.

Ein Ausfallen über die Schulter und ein zu starkes Verbiegen ist ein häufig auftretender Fehler.

Der Bewegungsfluss geht im Schulterherein verloren

Verliert das Pferd das Vorwärts im Schulterherein, ist zu hinterfragen, ob die vorbereitende Arbeit korrekt war. Eine Vorbedingung für ein Schulterherein mit schönem Bewegungsfluss ist das richtig an beide Zügel herantretende Pferd. Ist dies auf großen Linien und beiden Händen abrufbar, steht einem Schulterherein nichts im Wege. Gerät der Bewegungsfluss gleich zu Beginn des Schulterhereins ins Stocken, ist es hilfreich, den Seitengang vorsichtiger und vor allem langsamer einzuleiten. Gelingt die Einleitung ohne Probleme und das Pferd zieht lediglich zeitweise nicht ausreichend nach vorne, ist zunächst zu prüfen, ob nicht die Zügelhand des Ausbilders der Grund für die Harmoniestörung ist. Ist dies als mögliche Ursache ausgeschlossen, wird das Vorwärts durch sofortiges Nachtreiben des inneren Hinterbeins wiederhergestellt. Entscheidend ist auch in dieser Situation das unmittelbare Eingreifen des Ausbilders, sobald ein minimaler Ansatz von nachlassendem Vorwärts zu erkennen ist. Gedanklich versucht der Ausbilder das Schulterherein so zu führen, dass er in der zweiten Hälfte der langen Seite etwas zulegen möchte. Über dieses innere Bild bleibt der Zug nach vorne über die gesamte lange Seite erhalten. Hilfreich kann auch sein, zwischen den Seitengängen über Tempounterschiede mit dem Vorwärts zu spielen und darüber wieder etwas mehr Energie in die Arbeit zu bekommen.

Zum Erhalt des gleichmäßigen Bewegungsflusses geht der Ausbilder konstant weiter und treibt das Pferd umgehend nach.

Pferd kommt in Schulterherein und Traversale zu tief

Wie zuvor erwähnt, ist das sich einrollende Pferd eine der großen Herausforderungen am Langen Zügel. Auch in den Seitengängen versuchen die Pferde häufig, sich der anstrengenden gymnastischen Anforderung durch Abtauchen zu entziehen. Zur Korrektur ist wieder auf den konstanten Erhalt des Vorwärts zu achten.
Jedem kleinen Ansatz eines zu tief kommenden Genicks muss durch eine Aufwärtsparade mit beiden Zügelfäusten entgegengewirkt werden. Hier ist es enorm wichtig, dass der Ausbilder eine schnelle Reaktionsgeschwindigkeit hat. Ist das Pferd erst einmal tief abgetaucht, wird die Korrektur bedeutend schwieriger. Werden die minimalen Ansätze eines falsch positionierten Genicks umgehend korrigiert, lernt das Pferd zum einen, dass diese Form des Entziehens nicht erwünscht ist und zum anderen entstehen durch die sofortige Korrektur keine schweren Harmoniestörungen.

Pferd verlässt die gewünschte Linie in der Traversale

Eine der großen Herausforderungen ist zu Beginn der Erhalt der gewünschten Diagonalen während der Traversale. Es ist nicht ungewöhnlich, dass die Pferde bei den ersten Traversalen die Linie nicht korrekt halten. Der Ausbilder muss in solchen Momenten versuchen, das grobe Bewegungsmuster und die Vorwärtstendenz zu erhalten. Mit fortschreitendem Üben wird die Traversale immer korrekter.
Die häufigste Ursache für entstehende Harmoniestörungen in der Linienführung ist der fehlende nach vorne geschickte Blick des Ausbilders und die mangelnde Führung über die Zügel. Wie im Kapitel »Traversalen« beschrieben, hat der Ausbilder durchgehend darauf zu achten, dass er seinen Blick über den Widerrist des Pferdes auf das Ende der Diagonalen richtet. Versucht das Pferd nun von der angestrebten diagonalen Linie abzuweichen, schickt der Ausbilder weiterhin seinen Blick in Richtung des gewünschten Zielpunktes, während er das Pferd mit den Zügeln in der Linienführung korrigiert. Die Korrektur über die Zügel erfolgt impulsartig und darf niemals in ein Ziehen ausarten. Ein Ziehen am Zügel führt genauso wie unter dem Sattel zu einer umgehenden Störung des Bewegungsflusses. Der Ausbilder setzt die Zügel stets wie Leitplanken ein, innerhalb derer sich das Pferd bewegen darf.
Abweichungen von der gewünschten Linie gehen in der Regel auch mit einem Verlust des Vorwärts einher, sodass parallel ein treibender Impuls mit dem Stupser über die Zügelfaust oder einem Anlegen der Gerte erfolgen muss. Während der Korrekturen ist darauf zu achten, dass mindestens eine Hand des Ausbilders in Kontakt zum Pferdekörper bleibt. Grundsätzlich ist es wichtig, bei einem Abweichen von der Linie zunächst irgendwie im gewünschten Seitengang auf die gegenüberliegende Seite zu kommen und das Pferd dann im Anschluss überschwänglich zu loben. Wie oben erwähnt, erfolgt die Perfektionierung des Seitengangs mit fortschreitendem Üben. Dem Pferd ist das neue Bewegungsmuster zuerst in groben Zügen zu erklären. Später wird dann zum Feinschliff übergegangen. Bei Problemen in der Linienführung ist außerdem zu hinterfragen, ob an den Zügeln sanft genug eingewirkt wurde. Die Zügel sind immer so fein führend einzusetzen, dass das Pferd niemals in seinen Bewegungen gestört wird und ausreichend Bewegungsraum nach vorne hat.

Ein Vorausbringen der Kruppe entsteht schnell, wenn die Traversale nicht ruhig genug eingeleitet wird. Auf diesem Foto sind die zur Korrektur notwendigen deutlicheren Lenkbewegungen mit den Zügeln zu sehen.

Pferd bringt in der Traversale die Kruppe voraus

Der Fehler einer vorauseilenden Kruppe entsteht besonders schnell auf der hohlen Seite des Pferdes. Bringt das Pferd gleich von Anfang an die Kruppe in der Traversale zu weit vor, ist die Einleitung kleinschrittiger zu gestalten. Wie im Kapitel »Traversalen« beschrieben, wird zunächst der ganze Pferdekörper auf die Diagonale abgewendet. Im Anschluss wird die Traversale begonnen, indem der Ausbilder ruhig auf die andere Seite der Kruppe wechselt. Über diese Art der Einleitung ist die Vorhand des Pferdes bereits richtig ausgerichtet und führt in der Traversale. Kommt die Kruppe erst im Laufe der Traversale vermehrt voraus, kann dies durch ein zu starkes Einwirken an den Zügeln verursacht worden sein. Zur Korrektur dieses Fehlers muss der Ausbilder der Vorhand des Pferdes mit seinen Zügelfäusten stets genug Raum in Richtung des Zielpunktes geben. Ein hilfreiches inneres Bild ist, dass sich auch die eigenen Zügelfäuste in Richtung des zu erreichenden Zielpunktes bewegen. Ein weiterer Grund für ein Vorausbringen der Kruppe kann ein Verlust des Vorwärts sein. Das Pferd hat in diesen Fällen ein Zuviel an Seitwärts und ein Zuwenig an Vorwärts. Der Ausbilder sollte sich verdeutlichen, dass es sich bei Seitengängen um eine Vorwärts-Seitwärts-Bewegung handelt. Stellt man fest, dass das Pferd zu viel Seitwärts anbietet, muss das Vorwärts über eine treibende Hilfe vermehrt betont werden. Das Vorwärts ist wieder konsequent durch die Blickrichtung des Ausbilders zu unterstützen.

Bewegungsfluss geht in der Traversale verloren

Zunächst gelten bei Problemen mit dem Vorwärts in der Traversale die gleichen Lösungsansätze wie im Kapitel »Bewegungsfluss geht im Schulterherein verloren«. Zusätzlich ist zu hinterfragen, ob das Vorwärts abreißt, weil die Traversale möglicherweise für den Anfang zu steil angelegt wurde. Für den Beginn ist es hilfreich, die Linie eher etwas flacher anzulegen.

Pferd verwirft sich im Schulterherein/in der Traversale

Diese Problematik kann in fehlender Geraderichtung oder in einer zu starken einseitigen Zügeleinwirkung begründet sein. Ist die natürliche Schiefe des Pferdes noch sehr stark ausgeprägt, ist es sinnvoll, diese Thematik mit Seitengängen an der Hand (siehe Exkurs »Die

Ein Verwerfen im Genick kann in noch nicht ausreichender Geraderichtung oder zu starker Zügeleinwirkung begründet sein.

klassische Arbeit an der Hand zur Vorbereitung oder Ergänzung«) oder unter dem Sattel verstärkt zu bearbeiten. Häufig ist ein zu starker einseitiger Anzug an den Zügeln der Grund für das Verwerfen. Zur Korrektur achtet der Ausbilder auf eine beidseitig feine und gleichmäßige Verbindung.

Pferd wird zu Beginn der Traversale hektisch

Das bei Beginn der Traversale hektisch werdende Pferd wird in der Regel vom Ausbilder mit dem Beginn der Traversale regelrecht überfallen. Zur Korrektur verdeutlicht sich der Ausbilder wieder, dass das Abwenden auf die Diagonale und das Hereinbringen der Kruppe entlang der Diagonalen zwei aufeinanderfolgende Stufen sind. Viele Ausbilder denken bereits in der zweiten Ecke der kurzen Seite an die Traversale und wechseln während des Wendens auf die Diagonale auf die andere Seite der Kruppe. Sehr feine Pferde fühlen sich von dieser schnellen Abfolge in der Hilfengebung regelrecht bedrängt und neigen dadurch zu überschießenden Reaktionen. Wie im Kapitel »Traversalen« beschrieben, wird zunächst das ganze Pferd auf die Wechsellinie gewendet und erst im Anschluss die Traversale begonnen. Dieses Zerlegen der Hilfen in kleinere Schritte stellt üblicherweise die Harmonie wieder her.

Der Galopp am Langen Zügel

In diesem Kapitel werden die Anfänge des Galopps am Langen Zügel beschrieben. Es wird erklärt, ab wann das Pferd bereit ist für den Galopp und welche Sicherheitsaspekte bei dieser Gangart zu beachten sind. Neben den Hilfen für die ersten Galoppsprünge wird außerdem dargestellt, wie der Galopp zur normalen Gangart am Langen Zügel wird.

Voraussetzungen

Für den Galopp am Langen Zügel muss das Pferd versammelt galoppieren können. Idealerweise erfolgt die Vorbereitung unter dem Sattel. Ist dies nicht möglich, muss die Ausbildung an der Longe und durch die Arbeit an der Hand erfolgen. In diesem Zusammenhang ist auf den Exkurs »Langsam ist nicht automatisch versammelt« hinzuweisen. Ein korrekt versammelter Galopp zeichnet sich durch einen klar gesprungenen Dreitakt und eine damit verbundene Aufwärtstendenz aus. Auch am Langen Zügel besteht die Gefahr, dass das Pferd einen gelaufenen Galopp im Viertakt zeigt, wenn es nicht richtig vorbereitet wurde. Diese Form des Galopps hat mit Versammlung nichts zu tun.

Sicherheit & Führposition

Das erste Angaloppieren ist einer der gefährlichen Momente bei der Arbeit am Langen Zügel. Aufgrund des höheren Energielevels in der dritten Gangart kann es zu Beginn zu stärkeren Reaktionen des Pferdes kommen. Mit einem Ausschlagen ist bei den ersten Versuchen immer zu rechnen. Da Pferde in der Regel in diesen Momenten eher in Richtung Bahnmitte, also mit der inneren Hinterhand ausschlagen, geht der Ausbilder in der Galopparbeit aus Sicherheitsgründen stets außen.

In der Spanischen Hofreitschule gehen die Bereiter bei der Arbeit am Langen Zügel ebenfalls immer außen. Zwei Ausnahmen sind dort die kurze Seite nach den Einerwechseln auf der Diagonalen und die Mittellinie bis zu den Pilaren.

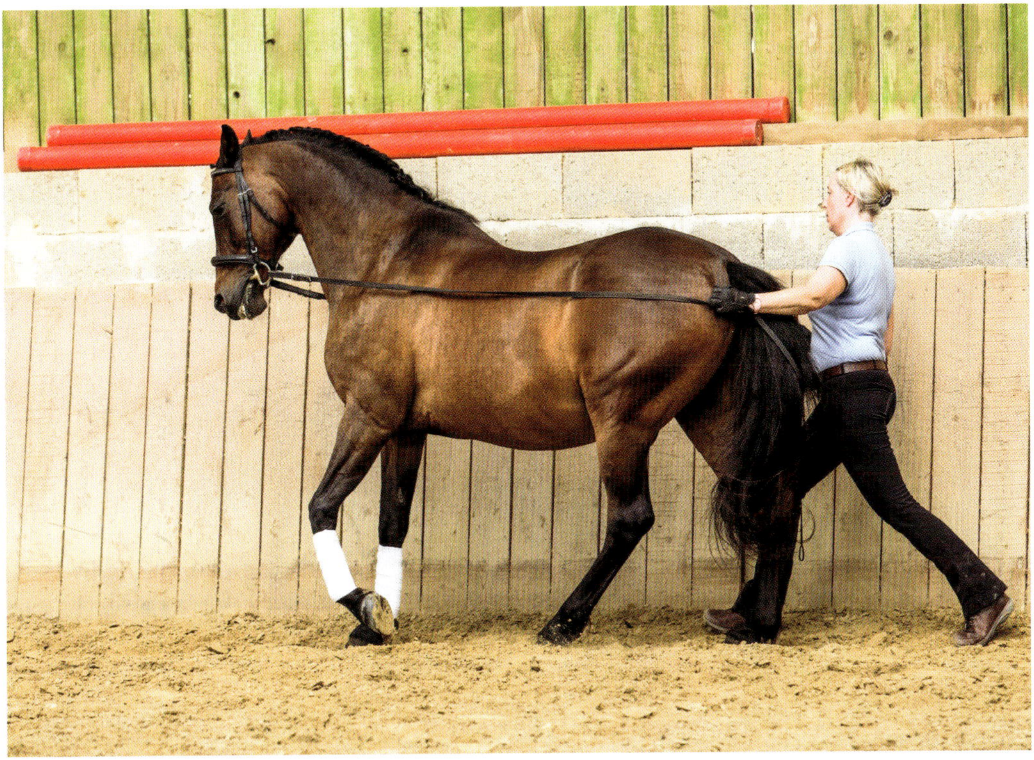

Aus Sicherheitsgründen wird im Galopp stets außen geführt.

Für den Ausbilder ist das Führen von außen zu Beginn gewöhnungsbedürftig. Zwischen Pferd und Bande gehend, kommt es anfangs schnell zu einem beengten Gefühl, welches jedoch schnell vergessen ist, wenn die ersten Galoppsprünge am Langen Zügel gelingen. Vom innen Führen ist neben den erwähnten Sicherheitsaspekten aus einem weiteren Grund abzuraten. Viele Pferde fühlen sich im Galopp regelrecht eingeklemmt zwischen dem innen gehenden Ausbilder und der Bande. Ein späteres Umlernen auf die richtige Führposition von außen ist bei diesen Pferden dann notwendig und häufig aufwendiger zu vermitteln.

Das erste Angaloppieren

Das erste Angaloppieren erfolgt in der Regel aus dem Schritt. Hierzu wird das Pferd im Schritt in das Travers geführt. Wie im Kapitel »Seitengänge« beschrieben, wird das Travers durch den Schritt des Ausbilders auf die äußere Seite der Kruppe eingeleitet. Dieser »Schritt nach außen« wird für das Pferd später das Signal zum Angaloppieren. Der ideale Ort für das erste Einspringen ist die zweite Ecke der kurzen Seite. Der Ausbilder beginnt mit dem Travers in der Mitte der kurzen Seite und gibt das Kommando zum Angaloppieren in der zweiten Ecke der kurzen Seite. Das Angaloppieren in der Ecke hat

Vor dem Kommando zum Angaloppieren wird das Pferd deutlich ins Travers gebracht.

Für das erste Angaloppieren wird aus Sicherheitsgründen die Ecke der kurzen Seite gewählt.

wiederum einen Sicherheitsaspekt. Der Ausbilder hat an diesem Ort mehr Platz zwischen Pferd und Bande. Außerdem ist der Weg für das Pferd durch den Blick auf die lange Seite optisch frei. Es ist hilfreich, wenn das Pferd von der sonstigen Arbeit ein Stimmkommando für das Einspringen in den Galopp kennt. Wie zuvor erwähnt ist der Doppelschnalzer für diese Gangart empfehlenswert. Er passt in Bezug auf Takt und Energielevel hervorragend für die Unterstützung des Galoppsprungs. In der Regel springen die Pferde problemlos ein, wenn sie das bekannte Stimmkommando hören. Der Ausbilder muss auf die richtige gedankliche Fokussierung achten und sich vorstellen: »Jetzt Galopp!« In diesem Moment ist es wichtig, dass die Zügel ausreichend Raum für den Galoppsprung geben. Die Traversstellung erleichtert das richtige Einspringen, darf aber nicht durch eine zu starke Einwirkung am inneren Zügel übertrieben werden. Genau wie bei der Ausbildung unter dem Sattel sollte der Ausbilder stets bedenken, dass das innere Vorderbein für die Ausführung des Galoppsprungs genug Bewegungsfreiheit haben muss.

Gelingt das Angaloppieren nicht sofort aus dem Schritt und das Pferd fällt über einige Trabtritte in die ersten Galoppsprünge, wird dies zu Beginn wohlwollend akzeptiert und das Pferd überschwänglich gelobt. Während dieses Ausbildungsstands geht es darum, die Hilfe für das Angaloppieren zu etablieren. Angestrebt wird, dass das Pferd später automatisch angaloppiert, wenn der Ausbilder den Schritt auf die äußere Seite der Kruppe ausführt. Anfangs geht es darum, dass das Pferd ruhig einspringt und einige Galoppsprünge zeigt. Sollte es nötig sein, darf der Ausbilder zu diesem Zeitpunkt noch schneller mitlaufen. Die klassische Gehtechnik mit den großen, weiten Schritten ist später wieder so schnell wie möglich anzustreben. Die Traversstellung wird aus den erwähnten Sicherheitsgründen zu Anfang noch beibehalten.

Bewegungsfluss

Gelingt das Einspringen in den Galopp zuverlässig, geht es im nächsten Schritt darum, einen gleichmäßigen Bewegungsfluss zu erzeugen und das Pferd über eine längere Strecke ganze Bahn zu galoppieren. Das Pferd darf auf keinen Fall im Bewegungsfluss gestört werden. Die Zügel führen weich und gleichmäßig. Um dem Pferd die neue Aufgabe zu erleichtern, wird die Traversstellung noch beibehalten. Der Ausbilder darf, falls notwendig, etwas schneller mitlaufen, um den gleichmäßigen Bewegungsfluss nicht zu stören. Sobald das gleichmäßige Galoppieren über längere Strecken gelingt, geht er wieder in den gewohnten großen, weiten Schritten mit. Durch diese Gehtechnik wird das Pferd bereits im Galopp mehr versammelt.

Unkontrolliertes nach vorne Schießen ist sofort zu unterbinden. Der Ausbilder fängt das Pferd hierzu durch beidseitiges Parieren an den Zügeln ab. Lässt sich das Tempo nicht regulieren, ist sofort zum Schritt durchzuparieren und neu zu beginnen. Wie in allen Momenten der Pferdeausbildung ist auf eine ruhige Arbeitsatmosphäre zu achten. Auch diese neue Aufgabe ist in so kleine Schritte zu zerlegen, dass das Pferd sie leicht und freudig erlernt.

Bezüglich der Gehtechnik muss der Ausbilder seine großen, weiten Schritte so ausführen, dass es sich für ihn immer ein wenig anstrengend anfühlt. Im versammelten Galopp besteht die Gefahr, dass der Ausbilder zu verhalten geht und das Pferd dadurch ungewollt in den Vierschlaggalopp bringt.

Zu Beginn ist es erlaubt, das Pferd in Traversstellung zu galoppieren.

Vom Travers zum Geraden

Mit fortschreitender Galopparbeit steht das Geraderichten auf dem Ausbildungsplan. Das Angaloppieren erfolgt noch im Travers. Die nach innen hereingestellte Kruppe wird nun in der Vorwärtsbewegung des Galopps vermehrt geradegerichtet. Der Ausbilder fängt hierzu mit beiden Zügeln die Kruppe ab und hält so das Pferd mehr und mehr gerade. Um die Kruppe korrekt zu positionieren, darf die abfangende innere Hand kurzzeitig auch tiefer geführt werden. Der Lange Zügel liegt in diesen Momenten wie eine Schlinge um die Kruppe. Angestrebt wird später selbstverständlich auch bei der Galopparbeit wieder die breite Führung, bei der die Zügelfäuste links und rechts neben dem Schweif positioniert sind. Lässt sich das Pferd in der Bewegung geradehalten, wird auch das Angaloppieren nicht mehr im Travers, sondern geradegerichtet ausgeführt.

Mögliche Probleme beim Galopp am Langen Zügel

Bei auftretenden Problemen im Galopp muss zuerst die eigene Ausbildungsarbeit kritisch hinterfragt werden. Häufig entstehen Harmoniestörungen, weil die Pferde nicht ausreichend vorbereitet wurden. Die im Kapitel »Voraussetzungen« beschriebenen Ausbildungsinhalte sollten dem Pferd vermittelt worden sein.

Pferd springt trotz Stimmkommando und Traversposition nicht ein

In der Regel gibt es zwei mögliche Gründe für die fehlende Reaktion des Pferdes. Häufig sind die hinten gehenden Menschen so aufgeregt, da es nun an die dritte Gangart geht, dass sie das Pferd unbewusst bremsen. Bei vielen ist es auch die Sorge um mögliche überschießende Reaktionen des Pferdes. Diese Problematik ist häufig verbunden mit einem oder zwei zu stark anstehenden Zügeln. In vielen Fällen wird das Pferd dann in der Traversposition regelrecht nach innen verbogen. Das Einspringen in den Galopp ist für das Pferd gar nicht mehr möglich, da das innere Vorderbein nicht ausreichend Raum hat. Ist der hemmende Ausbilder der Grund für die fehlende Reaktion des Pferdes, helfen ein fröhlicherer Energielevel und ein klares inneres Bild wie zum Beispiel »Hepp, du springst jetzt ein!« Außerdem ist die eigene Zügelführung zu kontrollieren und im Moment des Einspringens genügend Raum zu gewähren. Die Zügel müssen zwar anstehen, sollen jedoch auch weich und nachgiebig sein. Die zweite mögliche Ursache ist das Pferd selbst, welches sich gar nicht vorstellen kann, dass man bei dieser Form der Arbeit auch angaloppieren kann. In diesen Fällen ist es hilfreich, wie beim Fahren vom Boden ausreichend weit wegzugehen

Bei manchen Pferden kann es notwendig sein, kurzzeitig innen zu führen. Der Ausbilder sollte jedoch aus Sicherheitsgründen anstreben, so schnell wie möglich nach außen zu wechseln.

vom Pferd und ausnahmsweise kurzzeitig von innen zu führen. Mit dem gewohnten Stimmkommando wird das Pferd nun aufgefordert in die dritte Gangart einzuspringen. Ist dies in dieser vorübergehenden Form der Führung gut abrufbar, wird im Anschluss wieder das korrekte Angaloppieren aus der von außen geführten Traversposition geübt.

Pferd explodiert und wird hektisch

Bei überschießenden Reaktionen des Pferdes muss der Ausbilder zuerst seinen eigenen Energielevel hinterfragen. Der eigene Energielevel ist auf das jeweilige Pferd einzurichten. Handelt es sich um ein Pferd mit viel Temperament oder der Neigung zu Ängstlichkeit und Überforderung, muss mit einer sehr weichen Körpersprache und mit wenig Energie gearbeitet werden. Eine zu starke Körperspannung des Ausbilders und zu viel gedanklicher Druck kann feinnervige Pferde bereits zu explosiven Reaktionen bringen. Bei Pferden mit hohem Energielevel baut der Ausbilder idealerweise durch seine eigene ruhige und weiche Körpersprache Energie beim Pferd ab. Ein weiterer Grund für starke Reaktionen im Moment der Galopphilfe kann eine zu schnelle Hilfengebung sein. Das beschriebene erste Angaloppieren aus dem Travers wird bei diesen Kandidaten zeitlupenartig in kleine Schritte zerlegt. Explosive Reaktionen können außerdem auch durch zu starke Einwirkung am Zügel hervorgerufen werden. Stehen beide Zügel zu stark an und wird das Pferd nun mit Energie zum Einspringen aufgefordert, fühlt es sich regelrecht komprimiert zwischen der Zügelhand und dem hinten gehenden Ausbilder. Der weich anstehende, aber nach vorne ausreichend nachgiebige Zügel ist die Korrektur für diesen Problemfall.

Pferd springt im Außengalopp ein

Grundsätzlich ist es genau wie bei der Arbeit unter dem Sattel nicht ungewöhnlich, dass das Pferd auf der einen Hand eher den Außengalopp anbietet. Je mehr es an der notwendigen Geraderichtung fehlt, desto eher passiert dies erfahrungsgemäß auf der steifen Seite. Das beschriebene Angaloppieren in der Traversstellung und ein ruhiges Weiterüben wird den Galopp auf beiden Händen sehr bald abrufbar machen. Zu dieser Thematik ist noch anzumerken, dass ein falsches Anspringen stets unkommentiert gelassen wird. Das falsche »Angebot« des Pferdes wird ganz einfach ignoriert. Bei richtiger Ausführung der Anforderung wird dann überschwänglich gelobt.

Pferd macht sich extrem schief und galoppiert zu stark im Travers

Auch diese Problematik ist ein Anzeichen, dass Geraderichtung und Kraft noch fehlen, um den versammelten Galopp korrekt durchgesprungen zu halten. Bei dem Entziehen über das regelrechte nach innen Werfen der Kruppe muss der Ausbilder bereits im Moment des Angaloppierens den inneren Zügel gut in Kontakt zur inneren Kruppe halten. Der im Kapitel »Zügelführung« so wichtige Kontakt mindestens einer Hand zum Pferdekörper hilft bei der Behebung des Problems. In diesem Fall muss die innere Zügelfaust regelrecht an die linke Hosenmuskulatur des Pferdes »geklebt« werden, um die Kruppe zu platzieren.

Pferd bleibt nicht versammelt genug

Einige Pferde versuchen, durch leichtes Zulegen der versammelten Arbeit zu entgehen. In diesen Fällen muss der Ausbilder über seine konstante Zügelverbindung einen gleichmäßigen Rahmen vorgeben. Zur Lösung dieses Problems kann er sich vorstellen, dass seine Hilfen einen Rahmen vorgeben, in dem das Pferd sich bewegen darf. Kommt vom Pferd die Frage, ob dieser Rahmen etwas länger werden darf, hat der Ausbilder sich stets einen gleich groß bleibenden Rahmen vorzustellen. Für die Versammlung ist es wichtig, dass der Rahmen nicht zu lang wird und die Bewegungsenergie sich nach vorne und nach oben entwickelt. Mit diesem klaren inneren Bild unter Zuhilfenahme der gleichmäßig anstehenden Zügel wird es schnell gelingen, den versammelten Galopp zu halten.

Der Ausbilder muss ein klares inneres Bild für den Rahmen haben, in dem das Pferd sich bewegen darf.

Literaturverzeichnis

- Kurt Albrecht: Ausbildungshilfen für Pferd und Reiter. WuWei, 2008
- Hans Handler & Erich Lessing: Die Spanische Hofreitschule zu Wien. Fritz Molden, 1975
- Stefan Radtke: Pferde gymnastizieren mit der Doppellonge. Kosmos, 2010
- Waldemar Seunig: Von der Koppel bis zur Kapriole. Olms, 2019
- Gustav Steinbrecht: Gymnasium des Pferdes. Cadmos, 2001
- https://de.wikipedia.org/wiki/Actio_und_Reactio

Danke

Es ist schön ein Buch zu schreiben. Zwischendurch ist es natürlich auch mal nicht schön, wenn der Abgabetermin näher rückt und sich »leichte« Nervosität einschleicht. Rückblickend kann ich wieder sagen, dass dieser Prozess der Entstehung mir wirklich Spaß macht und mir das Schreiben von Fachbüchern große Freude bereitet.

Diese Danksagung möchte ich mit Claudia König beginnen. Sie ist Programmleiterin beim Verlag Müller Rüschlikon und hat mich einige Monate nach der Veröffentlichung meines Buches »Die Piaffe an der Hand« gefragt, ob ich denn bereits Ideen für weitere Buchprojekte hatte. Die hatte ich in der Tat und vor Ihnen liegt nun ein Buch zu einem weiteren Herzensthema. Während des Schreibens fühlte ich mich stets gut aufgehoben und betreut. Als Autorin ist es eine Freude, bei diesem Verlag dabei sein zu dürfen.

Mein Mann Matthias ist mein großer Unterstützer, Ratgeber und natürlich auch kritischer Testleser. Danke, dass Du immer hinter mir stehst und auch dieses weitere Reitschul-Projekt mit Volldampf unterstützt hast.

Meinem Ausbilder Oberbereiter Andreas Hausberger gilt mein Dank für seine großartige fachliche Unterstützung bei diesem Buch. Er ist ein Top-Experte für die Arbeit am Langen Zügel und hat mir so unendlich viele Fragen während des Schreibens beantwortet. Es gingen in dieser Zeit sehr viele WhatsApp-Sprachnachrichten zwischen Wien und dem Bergischen Land hin und her. Im Buch finden Sie ein Interview mit Andreas Hausberger. Danke, Andreas, dass Du Dir auch dafür die Zeit genommen hast und uns mitgenommen hast auf eine Reise zu Deinen Anfängen mit der Arbeit am Langen Zügel.

Die Fotos in diesem Buch stammen zum Großteil von Friederike Scheytt. Es war wieder eine Freude mit Friederike zusammenzuarbeiten. Ihre ruhige Art und Professionalität bringen einen selbst durch anstrengende Shootings, die machen dann auch Spaß. Bei den Shootings hatten wir zwei tolle Helferinnen dabei. Jeder Pferdemensch weiß, dass ohne Helfer absolut nichts geht. Ich bedanke mich von Herzen bei Ulrike Liedert und Janine Droszella für ihre helfenden Hände. Sie werden sehen, dass bei dem Shooting auch ein ganz bezauberndes Shetlandpony namens Joshi dabei war. Seine Besitzerin Jana Faubel ist seit vielen Jahren meine Schülerin und sie zeigt mit ihrer schönen Arbeit am Langen Zügel, wie toll man auch die Kleinen ganz groß machen kann.

Ich möchte mich auf diesem Wege auch wieder bei meinen Stallbetreibern Sabine und Ernst Walter Wasserfuhr bedanken. Sie unterstützen mich sehr und ich bin dankbar, dass wir auch zu Corona-Zeiten unter Einhaltung aller Hygienemaßnahmen das Shooting bei uns am Stall durchführen durften.
Meine Pferde werden wunderbar betreut von unserer Pferdephysiotherapeutin Leoni Schötz. Sie hat dafür gesorgt, dass mein Lipizzaner Pluto Troja für das Fotoshooting topfit war.
Weitere Fotos im Buch wurden zur Verfügung gestellt von Sven Cramer, Atjan Hop, Hans Kuczka, Manfred Leitgeb, Katharina Pangritz, Katja Schmiedeskamp, Sabine van Waasen und der Spanischen Hofreitschule. Danke, dass wir diese schönen Aufnahmen im Buch zeigen dürfen. Mein Dank gilt hier auch Frau Anna Georgiades, Pressesprecherin der Spanischen Hofreitschule, die mich sehr bei der Fotoauswahl der entsprechenden Kapitel unterstützt hat.

Dieses Buch wird bereichert durch die gelungenen Illustrationen von Mareike Lüttmann. Danke, dass Du meine per Sprachnachricht, Mail oder eigener wirrer Skizzen übermittelten Ideen so grandios umgesetzt hat.
Besonders schön finde ich, dass sich Claudia Weingand und Katharina Möller von Osteodressage bereit erklärt haben, einen Exkurs zu schreiben. So eine Zusammenarbeit unter Kollegen ist großartig.
Auch dieses Buch brauchte seine Testleser. Neben meinem Mann haben wieder Elke Beermann und Tanja Bührke mitgelesen und vieles kritisch hinterfragt. Ich danke Euch von Herzen für diese tolle Unterstützung.

Andrea Lipp

Juni 2021

AUTORENPORTRAIT *Andrea Lipp*

Andrea Lipp unterrichtet nach den Grundsätzen der klassischen Reitlehre. Bereits während ihres BWL-Studiums arbeitete sie als Trainerin und entdeckte in dieser Zeit ihre Leidenschaft für die klassische Reiterei. Ein steter Weg des Suchens und Lernens begann, zunächst noch neben dem Beruf als Projektleiterin im Marketing eines großen Energiekonzerns. Im Jahr 2008 hat sie dann den Schritt in die Selbstständigkeit gewagt und ihre *Klassisch-Barocke* Reitschule im Bergischen Land bei Köln gegründet. Mit den Ausbildungen zum Systemischen Management Coach (SMC)© und zur autorisierten Motivberaterin (für die Motivstrukturanalyse MSA), erweiterte sie ihr Repertoire. Neben dem klassischen Dressurunterricht bietet sie pferdegestütztes Coaching an. Im Jahr 2011 hatte sie das große Glück, Oberbereiter Andreas Hausberger kennenzulernen, bei dem sie sich seitdem regelmäßig fortbildet. Andrea Lipp achtet besonders auf die Korrektur des Reitersitzes als Basis für eine feine Hilfengebung und unterrichtet Reiter aller Ausbildungsstände. Da ihr die Vermittlung von theoretischem Wissen ein Anliegen ist, bietet sie auch Web-Seminare zu verschiedenen Themen der klassischen Reiterei an. Weitere Infos unter: www.barock-reiten.de

Unsere Erfolgsreihen
auf einen Blick ...

DIE REITSCHULE (AUSWAHL)

Urte Biallas, **Bodenarbeit**, ISBN 978-3-275-01708-9
Kerstin Diacont, **Grundkurs Sitz und Hilfen**, ISBN 978-3-275-02147-5
Marlit Hoffmann, **Reiterrallyes – Reiterspiele**, ISBN 978-3-275-01850-5
Petra Dürr/Carola Steen, **Kaltblutpferde reiten**, ISBN 978-3-275-02198-7
Hannelore Leiser, **Voltigieren für Einsteiger**, ISBN 978-3-275-02287-8
Angelika Schmelzer, **Mein erstes eigenes Pferd**, ISBN 978-3-275-01907-6
Sabine Schweickert, **Fahren für Einsteiger**, ISBN 978-3-275-02169-7
Viviane Theby, **So lernen Pferde**, ISBN 978-3-275-02081-2
Jutta Plötz, **Islandpferde**, ISBN 978-3-275-02052-2
Inga Wolframm, **Springen für Einsteiger**, ISBN 978-3-275-02242-7
Sigrid Weppelmann, **Basispass Pferdekunde**, ISBN 978-3-275-01750-8

DIE HUNDESCHULE (AUSWAHL)

Annegret Bangert, **Begleithundprüfung**, ISBN 978-3-275-02179-6
Ann-Sophie Griebel, **Clicker-Training für Einsteiger**, ISBN 978-3-275-02261-8
Alexandra Hoffmann, **Futter gibt's nur von mir**, ISBN 978-3-275-02074-4
Petra Krivy/Angelika Lanzerath, **Was ein Welpe lernen muss**, ISBN 978-3-275-02292-2
Petra Krivy/Angelika Lanzerath, **So geht's nicht weiter**, ISBN 978-3-275-02083-6
Petra Krivy/Angelika Lanzerath, **Einfach gut erzogen**, ISBN 978-3-275-02082-9
Uta Reichenbach/Gabriele Lehari, **Sinnvolle Beschäftigung**, ISBN 978-3-275-01929-8
Monika Schaal/Ursula Breuer, **Lockere Leine**, ISBN 978-3-275-01621-1
Manuela van Schewick, **Apportieren mit Spaß**, ISBN 978-3-275-01754-6
Manuela van Schewick, **Kind trifft Hund**, ISBN 978-3-275-01979-3

HAPPY CATS (AUSWAHL)

Dayana Winkler, **Katzen-Tricks mit Clicker**, ISBN 978-3-275-01999-1

Jedes Buch mit 96 Seiten
ca. 80 Abb., broschiert
ca. € 11,95 / € (A) 12,40

Folgen Sie uns für mehr Infos zu unseren Pferdebüchern auf:

www.instagram.com/muellerrueschlikon.pferd

www.facebook.com/muellerrueschlikonverlag

Müller Rüschlikon

Weitere interessante Themen

Andrea Lipp
Die Piaffe an der Hand
Von den Anfängen bis zur Vollendung
ISBN 978-3-275-02182-6
€ 24,90 I € (A) 25,60

Andrew Fitzpatrick/
Arthur Kottas-Heldenberg
Dressur-Training
Die Arbeit an hohen Lektionen
ISBN 978-3-275-01991-5
€ 24,90 I € (A) 25,60

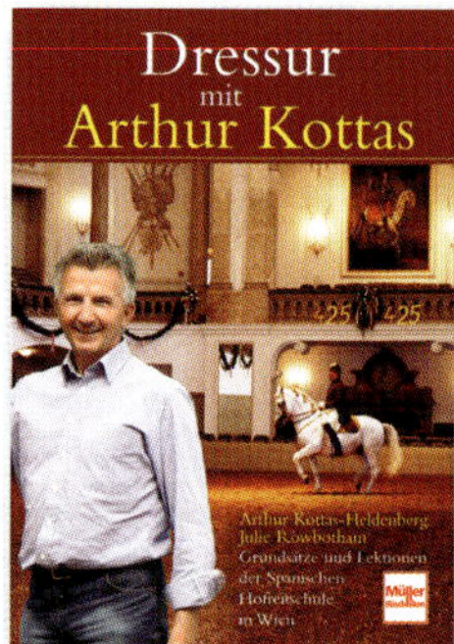

Arthur Kottas-Heldenberg/
Julie Rowbotham
Dressur mit Arthur Kottas
Grundsätze und Lektionen der Spanischen Hofreitschule in Wien
ISBN 978-3-275-01722-5
€ 29,90 I € (A) 30,80

Änderungen in Preis und Lieferfähigkeit vorbehalten.

Überall, wo es Bücher gibt oder
www.mueller-rueschlikon.de
Service-Hotline: 0711-78 992 151